IVXLCDM

Cracking Roman Numerals

Ages 9+

Robert S Bell

Copyright © 2017 RS Bell

All rights reserved

1000	900	800	700	600	500	400	300	200	100	90	50	40	10	5	1
M	CM	DCCC	DCC	DC	D	CD	CCC	CC	C	XC	L	XL	X	V	1

One of the greatest gifts that a teenager may receive, is a real understanding of basic maths when a child.

Practice, practice and even more practice helps to build fluency, thereby providing young people with the confidence and pleasure associated in demonstrating an ability to complete questions both quickly and accurately.

Providing hundreds of practice questions, this is a "no frills, no nonsense" workbook that I trust students, parents, guardians and teachers will find helpful in reading and writing Roman Numerals.

The curriculum requires:-

- **Year 4** pupils to be able to read Roman Numerals to 100 (I to C) and know that over time, the numeral system changed to include the concept of 0 and place value; and

- **Year 5/6** pupils to read Roman Numerals to 1,000 (M) and recognise years written in Roman numerals.

Albeit that the main purpose is to provide practice in reading and writing Roman Numerals, by way of cross curriculum learning opportunities, students may be encouraged to discuss (and further explore) any of the events listed in more depth.

1000	900	800	700	600	500	400	300	200	100	90	50	40	10	5	1
M	CM	DCCC	DCC	DC	D	CD	CCC	CC	C	XC	L	XL	X	V	I

Contents

Introduction describes digits, numerals, numbers and Roman Numerals.

Section 1 concentrates on creating and writing Roman Numerals to 1,000. In total, there are 20 practice exercises – make sure to work at your own pace and check your answers before moving on:-

Part I builds knowledge and confidence; and
Part II tests that understanding.

Section 2 provides examples of where to find Roman Numerals today.

Section 3 affords an opportunity to practice writing years to 3,000 – by way of both focus and learning, this includes lists of the:-

- **Summer Olympics;**
- **US Presidents;**
- **UK Prime Ministers;**
- **British Monarchs who have reigned for at least 50 years;** and a
- **Selection of Historic Events.**

Section 4 is designed to both reinforce and consolidate learning through the completion of practice lists that have already been written in Roman Numerals, as follows:-

1000	900	800	700	600	500	400	300	200	100	90	50	40	10	5	1
M	CM	DCCC	DCC	DC	D	CD	CCC	CC	C	XC	L	XL	X	V	I

- **Australian PMs;**
- **Kings and Queens in England from 802;**
- **Past Masters;** and
- **Classical Musicians.**

Appendix 1 – Roman Numerals look up tables from 1 to 1000.

Finally, solely by way of information for those wishing to expand their knowledge and expertise <u>beyond</u> the curriculum requirements:-

Section 5 - introduces Numerals for significantly larger numbers.

1000	900	800	700	600	500	400	300	200	100	90	50	40	10	5	1
M	CM	DCCC	DCC	DC	D	CD	CCC	CC	C	XC	L	XL	X	V	I

Introduction

A digit is a single symbol used to make numerals – think of it as letters making words and digits making numerals.

Throughout history, there have been lots of different digits and numerals used. Today, however, in mathematics we use Hindi-Arabic Numerals which have 10 digits (**0, 1, 2, 3, 4, 5, 6, 7, 8 & 9**) that allow for ease of arithmetic calculations, such as multiplication and division.

Numerals and Numbers

Numerals and numbers are similar, however there is a difference in their meaning, as follows:-

Numerals

A numeral is a symbol (comprising one or more digits) or name that stands for a number – examples include "3", "eleven", "16", "twenty three".

Numbers

A number represents an arithmetic value, a count or measurement that is really an understanding in our minds – it is what we think about when we see the numeral, or hear the word for the numeral in question, for instance "4" or "four".

1000	900	800	700	600	500	400	300	200	100	90	50	40	10	5	1
M	CM	DCCC	DCC	DC	D	CD	CCC	CC	C	XC	L	XL	X	V	1

Often people use the term "number" when it really should be "numeral" – generally it is not a problem as people know what is intended.

Roman Numerals

The Romans were around a very, very long time ago – having already expanded throughout Europe, they first raided Britain in 55BC – and numerals, as invented by Ancient Romans, were developed to enable a common system for counting purposes, such as for people or trading goods.

Roman Numerals continued to be used throughout Europe until the late Middle Age.

Basically, each symbol represents a specific numeric value - it should be noted that there is no digit for "zero" as, at that time, this little place holder and associated value had yet to be invented.

Roman Numerals are based on just seven different letters of the alphabet - they and their values are as follows:-

M	D	C	L	X	V	I
1,000	500	100	50	10	5	1

1000	900	800	700	600	500	400	300	200	100	90	50	40	10	5	1
M	CM	DCCC	DCC	DC	D	CD	CCC	CC	C	XC	L	XL	X	V	I

By combining these seven letters ['adding' them together], thousands of different numeric values (numerals) may be created – examples of Roman Numerals are:-

I	1	II	2	IV	4
V	5	VIII	8	IX	9
X	10	XV	15	XIV	14
L	50	LVI	56	LIX	59
C	100	CVII	107	CLIV	154
D	500	DVIII	508	DCLXIX	669
M	1000	MXII	1012	MDCIV	1604

1000	900	800	700	600	500	400	300	200	100	90	50	40	10	5	1
M	CM	DCCC	DCC	DC	D	CD	CCC	CC	C	XC	L	XL	X	V	1

Section 1

Part 1 – Creating and Writing Roman Numerals

Roman Numerals are written largest to smallest and from left to right – "thousands", "hundreds", "tens" and "units" – to "crack the code", you really need to know the numerals as set out in Table 1 below and practice writing them!

Table 1

Thousands		Hundreds		Tens		Units	
M	1000	C	100	X	10	I	1
MM	2000	CC	200	XX	20	II	2
MMM	3000	CCC	300	XXX	30	III	3
MMMM	*4000*	CD	400	XL	40	IV	4
MMMMM	*5000*	D	500	L	50	V	5
Mx6	*6000*	DC	600	LX	60	VI	6
Mx7	*7000*	DCC	700	LXX	70	VII	7
Mx8	*8000*	DCCC	800	LXXX	80	VIII	8
MMMM	*900*	CM	900	XC	90	IX	9

1000	900	800	700	600	500	400	300	200	100	90	50	40	10	5	1
M	CM	DCCC	DCC	DC	D	CD	CCC	CC	C	XC	L	XL	X	V	1

Larger numerals are created by combining those of a lesser value and, using Table 1 above, it is straightforward to create and write Roman Numerals, for example:

- III (**3**) is a combination of I+I+I (**1+1+1=3**);

- XXX (**30**) is a combination of X+X+X (**10+10+10=30**);

- XXXIII (**33**) is a combination of XXX+III (**30+3=33**);

- CCC (**300**) is a combination of C+C+C (**100+100+100=300**);

- CCCXXXIII (**333**) is a combination of CCC+XXX+III (**300+30+3=333**);

- MMM (**3000**) is a combination of M+M+M (**1000+1000+1000=3000**); and

- MMMCCCXXXIII (**3,333**) is a combination of MMM+CCC+XXX+III (**3,000+300+30+3=3,333**).

1000	900	800	700	600	500	400	300	200	100	90	50	40	10	5	1
M	CM	DCCC	DCC	DC	D	CD	CCC	CC	C	XC	L	XL	X	V	I

Practice, Practice, Practice

Exercise 1 - Roman Numerals 1 – 20

The first 20 numerals are very important - using Table 1 above, what are the Roman Numerals for:-

1.	**1**	I ✓	2.	**2**	II ✓
3.	**3**	III ✓	4.	**4**	IV ✓
5.	**5**	V ✓	6.	**6**	VI ✓
7.	**7**	VII ✓	8.	**8**	VIII ✓
9.	**9**	IX ✓	10.	**10**	X ✓

11.	**11**	XI ✓	12.	**12**	XII ✓
13.	**13**	XIII ✓	14.	**14**	XIV ✓
15.	**15**	XV ✓	16.	**16**	XVI ✓
17.	**17**	XVII ✓	18.	**18**	XVIII ✓
19.	**19**	XVIIII ✓	20.	**20**	XX ✓

1000	900	800	700	600	500	400	300	200	100	90	50	40	10	5	1
M	CM	DCCC	DCC	DC	D	CD	CCC	CC	C	XC	L	XL	X	V	1

Exercise 1 – Answers

1.	**1**	I	2.	**2**	II
3.	**3**	III	4.	**4**	IV
5.	**5**	V	6.	**6**	VI
7.	**7**	VII	8.	**8**	VIII
9.	**9**	IX	10.	**10**	X

11.	**11**	XI	12.	**12**	XII
13.	**13**	XIII	14.	**14**	XIV
15.	**15**	XV	16.	**16**	XVI
17.	**17**	XVII	18.	**18**	XVIII
19.	**19**	XIX	20.	**20**	XX

1000	900	800	700	600	500	400	300	200	100	90	50	40	10	5	1
M	CM	DCCC	DCC	DC	D	CD	CCC	CC	C	XC	L	XL	X	V	I

Exercise 2 – Roman Numerals [counting in "5s"]

What are the Roman Numerals for:-

1.	5	V	2.	10	X
3.	15	XV	4.	20	XX
5.	25	XXV	6.	30	XXX
7.	35	XXXV	8.	40	XL
9.	45	XLV	10.	50	L

11.	55	LV	12.	60	LX
13.	65	LXV	14.	70	LXX
15.	75	LXXV	16.	80	LXXX
17.	85	LXXXV	18.	90	XC
19.	95	XCV	20.	100	C

21.	105	CV	22.	110	CX
23.	115	CXV	24.	120	CXX
25.	125	CXXV	26.	130	CXXX
27.	135	CXXXV	28.	140	CXL
29.	145	CXLV	30.	150	CL

1000	900	800	700	600	500	400	300	200	100	90	50	40	10	5	1
M	CM	DCCC	DCC	DC	D	CD	CCC	CC	C	XC	L	XL	X	V	1

Exercise 2 – Answers

1.	**5**	V	2.	**10**	X
3.	**15**	XV	4.	**20**	XX
5.	**25**	XXV	6.	**30**	XXX
7.	**35**	XXXV	8.	**40**	XL
9.	**45**	XLV	10.	**50**	L

11.	**55**	LV	12.	**60**	LX
13.	**65**	LXV	14.	**70**	LXX
15.	**75**	LXXV	16.	**80**	LXXX
17.	**85**	LXXXV	18.	**90**	XC
19.	**95**	XCV	20.	**100**	C

21.	**105**	CV	22.	**110**	CX
23.	**115**	CXV	24.	**120**	CXX
25.	**125**	CXXV	26.	**130**	CXXX
27.	**135**	CXXXV	28.	**140**	CXL
29.	**145**	CXLV	30.	**150**	CL

1000	900	800	700	600	500	400	300	200	100	90	50	40	10	5	1
M	CM	DCCC	DCC	DC	D	CD	CCC	CC	C	XC	L	XL	X	V	1

Exercise 3

What are the Roman Numerals for:-

1.	2		2.	5	
3.	8		4.	10	
5.	12		6.	15	
7.	18		8.	20	
9.	22		10.	25	

11.	3		12.	6	
13.	9		14.	11	
15.	13		16.	16	
17.	19		18.	21	
19.	23		20.	26	

21.	10		22.	20	
23.	30		24.	40	
25.	50		26.	60	
27.	70		28.	80	
29.	90		30.	100	

1000	900	800	700	600	500	400	300	200	100	90	50	40	10	5	1
M	CM	DCCC	DCC	DC	D	CD	CCC	CC	C	XC	L	XL	X	V	1

Exercise 3 - Answers

1.	**2**	II	2.	**5**	V
3.	**8**	VIII	4.	**10**	X
5.	**12**	XII	6.	**15**	XV
7.	**18**	XVIII	8.	**20**	XX
9.	**22**	XXII	10.	**25**	XXV

11.	**3**	III	12.	**6**	VI
13.	**9**	IX	14.	**11**	XI
15.	**13**	XIII	16.	**16**	XVI
17.	**19**	XIX	18.	**21**	XXI
19.	**23**	XXIII	20.	**26**	XXVI

21.	**10**	X	22.	**20**	XX
23.	**30**	XXX	24.	**40**	XL
25.	**50**	L	26.	**60**	LX
27.	**70**	LXX	28.	**80**	LXXX
29.	**90**	XC	30.	**100**	C

1000	900	800	700	600	500	400	300	200	100	90	50	40	10	5	1
M	CM	DCCC	DCC	DC	D	CD	CCC	CC	C	XC	L	XL	X	V	1

Exercise 4

What are the Roman Numerals for:-

1.	**4**		2.	**7**	
3.	**10**		4.	**12**	
5.	**14**		6.	**17**	
7.	**20**		8.	**22**	
9.	**24**		10.	**27**	

11.	**5**		12.	**8**	
13.	**11**		14.	**13**	
15.	**15**		16.	**18**	
17.	**21**		18.	**23**	
19.	**25**		20.	**28**	

21.	**15**		22.	**25**	
23.	**35**		24.	**45**	
25.	**55**		26.	**65**	
27.	**75**		28.	**85**	
29.	**95**		30.	**105**	

1000	**900**	**800**	**700**	**600**	**500**	**400**	**300**	**200**	**100**	**90**	**50**	**40**	**10**	**5**	**1**
M	CM	DCCC	DCC	DC	D	CD	CCC	CC	C	XC	L	XL	X	V	I

Exercise 4 - Answers

1.	**4**	IV	2.	**7**	VII
3.	**10**	X	4.	**12**	XII
5.	**14**	XIV	6.	**17**	XVII
7.	**20**	XX	8.	**22**	XXII
9.	**24**	XXIV	10.	**27**	XXVII

11.	**5**	V	12.	**8**	VIII
13.	**11**	XI	14.	**13**	XIII
15.	**15**	XV	16.	**18**	XVIII
17.	**21**	XXI	18.	**23**	XXIII
19.	**25**	XXV	20.	**28**	XXVIII

21.	**15**	XV	22.	**25**	XXV
23.	**35**	XXXV	24.	**45**	XLV
25.	**55**	LV	26.	**65**	LXV
27.	**75**	LXXV	28.	**85**	LXXXV
29.	**95**	XCV	30.	**105**	CV

1000	900	800	700	600	500	400	300	200	100	90	50	40	10	5	1
M	CM	DCCC	DCC	DC	D	CD	CCC	CC	C	XC	L	XL	X	V	1

Exercise 5

What are the Roman Numerals for:-

1.	7		2.	10	
3.	13		4.	15	
5.	17		6.	20	
7.	23		8.	25	
9.	27		10.	30	

11.	8		12.	11	
13.	14		14.	16	
15.	18		16.	21	
17.	24		18.	26	
19.	28		20.	31	

21.	110		22.	120	
23.	130		24.	140	
25.	150		26.	160	
27.	170		28.	180	
29.	190		30.	200	

1000	900	800	700	600	500	400	300	200	100	90	50	40	10	5	1
M	CM	DCCC	DCC	DC	D	CD	CCC	CC	C	XC	L	XL	X	V	1

Exercise 5 - Answers

1.	**7**	VII		2.	**10**	X
3.	**13**	XIII		4.	**15**	XV
5.	**17**	XVII		6.	**20**	XX
7.	**23**	XXIII		8.	**25**	XXV
9.	**27**	XXVII		10.	**30**	XXX

11.	**8**	VIII		12.	**11**	XI
13.	**14**	XIV		14.	**16**	XVI
15.	**18**	XVIII		16.	**21**	XXI
17.	**24**	XXIV		18.	**26**	XXVI
19.	**28**	XXVIII		20.	**31**	XXXI

21.	**110**	CX		22.	**120**	CXX
23.	**130**	CXXX		24.	**140**	CXL
25.	**150**	CL		26.	**160**	CLX
27.	**170**	CLXX		28.	**180**	CLXXX
29.	**190**	CXC		30.	**200**	CC

1000	900	800	700	600	500	400	300	200	100	90	50	40	10	5	1
M	CM	DCCC	DCC	DC	D	CD	CCC	CC	C	XC	L	XL	X	V	I

Exercise 6

What are the Roman Numerals for:-

1.	10		2.	13	
3.	16		4.	18	
5.	20		6.	23	
7.	26		8.	28	
9.	30		10.	33	

11.	11		12.	14	
13.	17		14.	19	
15.	21		16.	24	
17.	27		18.	29	
19.	31		20.	34	

21.	115		22.	125	
23.	135		24.	145	
25.	155		26.	165	
27.	175		28.	185	
29.	195		30.	205	

1000	900	800	700	600	500	400	300	200	100	90	50	40	10	5	1
M	CM	DCCC	DCC	DC	D	CD	CCC	CC	C	XC	L	XL	X	V	I

Exercise 6 - Answers

1.	**10**	X		2.	**13**	XIII
3.	**16**	XVI		4.	**18**	XVIII
5.	**20**	XX		6.	**23**	XXIII
7.	**26**	XXVI		8.	**28**	XXVIII
9.	**30**	XXX		10.	**33**	XXXIII

11.	**11**	XI		12.	**14**	XIV
13.	**17**	XVII		14.	**19**	XIX
15.	**21**	XXI		16.	**24**	XXIV
17.	**27**	XXVII		18.	**29**	XXIX
19.	**31**	XXXI		20.	**34**	XXXIV

21.	**115**	CXV		22.	**125**	CXXV
23.	**135**	CXXXV		24.	**145**	CXLV
25.	**155**	CLV		26.	**165**	CLXV
27.	**175**	CLXXV		28.	**185**	CLXXXV
29.	**195**	CXCV		30.	**205**	CCV

1000	900	800	700	600	500	400	300	200	100	90	50	40	10	5	1
M	CM	DCCC	DCC	DC	D	CD	CCC	CC	C	XC	L	XL	X	V	1

Exercise 7

What are the Roman Numerals for:-

1.	9		2.	12	
3.	15		4.	17	
5.	19		6.	22	
7.	25		8.	27	
9.	29		10.	32	

11.	33		12.	30	
13.	28		14.	26	
15.	23		16.	20	
17.	18		18.	16	
19.	13		20.	10	

21.	210		22.	220	
23.	230		24.	240	
25.	250		26.	260	
27.	270		28.	280	
29.	290		30.	300	

1000	900	800	700	600	500	400	300	200	100	90	50	40	10	5	1
M	CM	DCCC	DCC	DC	D	CD	CCC	CC	C	XC	L	XL	X	V	I

Exercise 7 - Answers

1.	**9**	1X	2.	**12**	XII
3.	**15**	XV	4.	**17**	XVII
5.	**19**	X1X	6.	**22**	XXII
7.	**25**	XXV	8.	**27**	XXVII
9.	**29**	XX1X	10.	**32**	XXXII

11.	**33**	XXXIII	12.	**30**	XXX
13.	**28**	XXVIII	14.	**26**	XXVI
15.	**23**	XXIII	16.	**20**	XX
17.	**18**	XVIII	18.	**16**	XVI
19.	**13**	XIII	20.	**10**	X

21.	**210**	CCX	22.	**220**	CCXX
23.	**230**	CCXXX	24.	**240**	CCXL
25.	**250**	CCL	26.	**260**	CCLX
27.	**270**	CCLXX	28.	**280**	CCLXXX
29.	**290**	CCXC	30.	**300**	CCC

| 1000 | 900 | 800 | 700 | 600 | 500 | 400 | 300 | 200 | 100 | 90 | 50 | 40 | 10 | 5 | 1 |
| M | CM | DCCC | DCC | DC | D | CD | CCC | CC | C | XC | L | XL | X | V | 1 |

Exercise 8

What are the Roman Numerals for:-

1.	13		2.	16	
3.	19		4.	21	
5.	23		6.	26	
7.	29		8.	31	
9.	33		10.	36	

11.	14		12.	17	
13.	20		14.	22	
15.	24		16.	27	
17.	30		18.	32	
19.	34		20.	37	

21.	215		22.	225	
23.	235		24.	245	
25.	255		26.	265	
27.	275		28.	285	
29.	295		30.	305	

1000	900	800	700	600	500	400	300	200	100	90	50	40	10	5	1
M	CM	DCCC	DCC	DC	D	CD	CCC	CC	C	XC	L	XL	X	V	I

Exercise 8 – Answers

1.	**13**	XIII	2.	**16**	XVI
3.	**19**	XIX	4.	**21**	XXI
5.	**23**	XXIII	6.	**26**	XXVI
7.	**29**	XXIX	8.	**31**	XXXI
9.	**33**	XXXIII	10.	**36**	XXXVI

11.	**14**	XIV	12.	**17**	XVII
13.	**20**	XX	14.	**22**	XXII
15.	**24**	XXIV	16.	**27**	XXVII
17.	**30**	XXX	18.	**32**	XXXII
19.	**34**	XXXIV	20.	**37**	XXXVII

21.	**215**	CCXV	22.	**225**	CCXXV
23.	**235**	CCXXXV	24.	**245**	CCXLV
25.	**255**	CCLV	26.	**265**	CCLXV
27.	**275**	CCLXXV	28.	**285**	CCLXXXV
29.	**295**	CCXCV	30.	**305**	CCCV

1000	900	800	700	600	500	400	300	200	100	90	50	40	10	5	1
M	CM	DCCC	DCC	DC	D	CD	CCC	CC	C	XC	L	XL	X	V	1

Exercise 9

What are the Roman Numerals for:-

1.	16		2.	19	
3.	22		4.	24	
5.	26		6.	29	
7.	32		8.	34	
9.	36		10.	39	

11.	40		12.	43	
13.	44		14.	45	
15.	48		16.	49	
17.	50		18.	54	
19.	57		20.	59	

21.	310		22.	320	
23.	330		24.	340	
25.	350		26.	360	
27.	370		28.	380	
29.	390		30.	400	

1000	900	800	700	600	500	400	300	200	100	90	50	40	10	5	1
M	CM	DCCC	DCC	DC	D	CD	CCC	CC	C	XC	L	XL	X	V	1

Exercise 9 – Answers

1.	**16**	XVI	2.	**19**	XIX
3.	**22**	XXII	4.	**24**	XXIV
5.	**26**	XXVI	6.	**29**	XXIX
7.	**32**	XXXII	8.	**34**	XXXIV
9.	**36**	XXXVI	10.	**39**	XXXIX

11.	**40**	XL	12.	**43**	XLIII
13.	**44**	XLIV	14.	**45**	XLV
15.	**48**	XLVIII	16.	**49**	XLIX
17.	**50**	L	18.	**54**	LIV
19.	**57**	LVII	20.	**59**	LIX

21.	**310**	CCCX	22.	**320**	CCCXX
23.	**330**	CCCXXX	24.	**340**	CCCXL
25.	**350**	CCCL	26.	**360**	CCCLX
27.	**370**	CCCLXX	28.	**380**	CCCLXXX
29.	**390**	CCCXC	30.	**400**	CD

1000	900	800	700	600	500	400	300	200	100	90	50	40	10	5	1
M	CM	DCCC	DCC	DC	D	CD	CCC	CC	C	XC	L	XL	X	V	1

Exercise 10

What are the Roman Numerals for:-

1.	86		2.	88	
3.	89		4.	91	
5.	94		6.	97	
7.	98		8.	99	
9.	100		10.	104	

11.	24		12.	124	
13.	49		14.	149	
15.	54		16.	154	
17.	68		18.	188	
19.	78		20.	189	

21.	315		22.	325	
23.	335		24.	345	
25.	355		26.	365	
27.	375		28.	385	
29.	395		30.	405	

1000	900	800	700	600	500	400	300	200	100	90	50	40	10	5	1
M	CM	DCCC	DCC	DC	D	CD	CCC	CC	C	XC	L	XL	X	V	1

Exercise 10 – Answers

1	**86**	LXXXVI	2	**88**	LXXXVIII
3	**89**	LXXXIX	4	**91**	XCI
5	**94**	XCIV	6	**97**	XCVII
7	**98**	XCVIII	8	**99**	XCIX
9	**100**	C	10	**104**	CIV

11	**24**	XXIV	12	**124**	CXXIV
13	**49**	XLIX	14	**149**	CXLIX
15	**54**	LIV	16	**154**	CLIV
17	**68**	LXVIII	18	**188**	CLXXXVIII
19	**78**	LXXVIII	20	**189**	CLXXXIX

21	**315**	CCCXV	22	**325**	CCCXXV
23	**335**	CCCXXXV	24	**345**	CCCXLV
25	**355**	CCCLV	26	**365**	CCCLXV
27	**375**	CCCLXXV	28	**385**	CCCLXXXV
29	**395**	CCCXCV	30	**405**	CDV

1000	900	800	700	600	500	400	300	200	100	90	50	40	10	5	1
M	CM	DCCC	DCC	DC	D	CD	CCC	CC	C	XC	L	XL	X	V	I

Exercise 11

What are the Roman Numerals for:-

1.	33	XXXIII	2.	333	CCCXXXIII
3.	69	LXIX	4.	469	CDLXIX
5.	508	DVIII	6.	588	DLXXXVIII
7.	658	DCLVIII	8.	899	DCCCXCIX
9.	756	DCCLVI	10.	888	DCCCLXXXVIII

11.	126	CXXVI	12.	26	XXVI
13.	555	DLV	14.	59	LIX
15.	666	DCLXVI	16.	62	LXII
17.	988	CMLXXXVIII	18.	98	XCVIII
19.	444	CDXLIV	20.	33	XXXIII

21.	410	CDX	22.	420	CDXX
23.	430	CDXXX	24.	440	CDXL
25.	450	CDL	26.	460	CDLX
27.	470	CDLXX	28.	480	CDLXXX
29.	490	CDXC	30.	500	D

1000	900	800	700	600	500	400	300	200	100	90	50	40	10	5	1
M	CM	DCCC	DCC	DC	D	CD	CCC	CC	C	XC	L	XL	X	V	1

Exercise 11 – Answers

1	33	XXXIII	2	333	CCCXXXIII
3	69	LXIX	4	469	CDLXIX
5	508	DVIII	6	588	DLXXXVIII
7	658	DCLVIII	8	899	DCCCXCIX
9	756	DCCLVI	10	888	DCCCLXXXVIII

11	126	CXXVI	12	26	XXVI
13	555	DLV	14	59	LIX
15	666	DCLXVI	16	62	LXII
17	988	CMLXXXVIII	18	98	XCVIII
19	444	CDXLIV	20	33	XXXIII

21	410	CDX	22	420	CDXX
23	430	CDXXX	24	440	CDXL
25	450	CDL	26	460	CDLX
27	470	CDLXX	28	480	CDLXXX
29	490	CDXC	30	500	D

1000	900	800	700	600	500	400	300	200	100	90	50	40	10	5	1
M	CM	DCCC	DCC	DC	D	CD	CCC	CC	C	XC	L	XL	X	V	1

Exercise 12

What are the Roman Numerals for:-

1.	45		2.	50	
3.	491		4.	11	
5.	14		6.	578	
7.	41		8.	609	
9.	7		10.	424	

11.	236		12.	178	
13.	46		14.	54	
15.	373		16.	33	
17.	5		18.	15	
19.	498		20.	502	

21.	415		22.	425	
23.	435		24.	445	
25.	455		26.	465	
27.	475		28.	485	
29.	495		30.	505	

1000	900	800	700	600	500	400	300	200	100	90	50	40	10	5	1
M	CM	DCCC	DCC	DC	D	CD	CCC	CC	C	XC	L	XL	X	V	I

Exercise 12 – Answers

1.	**45**	XLV	2.	**50**	L
3.	**491**	CDXCI	4.	**11**	XI
5.	**14**	XIV	6.	**578**	DLXXVIII
7.	**41**	XLI	8.	**609**	DCIX
9.	**7**	VII	10.	**424**	CDXXIV

11.	**236**	CCXXXVI	12.	**178**	CLXXVIII
13.	**46**	XLVI	14.	**54**	LIV
15.	**373**	CCCLXXIII	16.	**33**	XXXIII
17.	**5**	V	18.	**15**	XV
19.	**498**	CDXCVIII	20.	**502**	DII

21.	**415**	CDXV	22.	**425**	CDXXV
23.	**435**	CDXXXV	24.	**445**	CDXLV
25.	**455**	CDLV	26.	**465**	CDLXV
27.	**475**	CDLXXV	28.	**485**	CDLXXXV
29.	**495**	CDXCV	30.	**505**	DV

1000	900	800	700	600	500	400	300	200	100	90	50	40	10	5	1
M	CM	DCCC	DCC	DC	D	CD	CCC	CC	C	XC	L	XL	X	V	1

Exercise 13

What are the Roman Numerals for:-

1.	83		2.	288	
3.	98		4.	340	
5.	99		6.	400	
7.	119		8.	444	
9.	133		10.	480	

11.	763		12.	7	
13.	999		14.	14	
15.	888		16.	88	
17.	777		18.	46	
19.	214		20.	688	

21.	204		22.	41	
23.	666		24.	444	
25.	1000		26.	1001	
27.	2000		28.	2002	
29.	3000		30.	3003	

1000	900	800	700	600	500	400	300	200	100	90	50	40	10	5	1
M	CM	DCCC	DCC	DC	D	CD	CCC	CC	C	XC	L	XL	X	V	1

Exercise 13 - Answers

1	**83**	LXXXIII	2	**288**	CCLXXXVIII
3	**98**	XCVIII	4	**340**	CCCXL
5	**99**	XCIX	6	**400**	CD
7	**119**	CXIX	8	**444**	CDXLIV
9	**133**	CXXXIII	10	**480**	CDLXXX

11	**763**	DCCLXIII	12	**7**	VII
13	**999**	CMXCIX	14	**14**	XIV
15	**888**	DCCCLXXXVIII	16	**88**	LXXXVIII
17	**777**	DCCLXXVII	18	**46**	XLVI
19	**214**	CCXIV	20	**688**	DCLXXXVIII

21	**204**	CCIV	22	**41**	XLI
23	**666**	DCLXVI	24	**444**	CDXLIV
25	**1000**	M	26	**1001**	MI
27	**2000**	MM	28	**2002**	MMII
29	**3000**	MMM	30	**3003**	MMMIII

1000	900	800	700	600	500	400	300	200	100	90	50	40	10	5	1
M	CM	DCCC	DCC	DC	D	CD	CCC	CC	C	XC	L	XL	X	V	1

Exercise 14

Only you will know the Roman Numerals for the following:-

In years, what age are you?

Ans:_____

How many pupils are in your class?

Ans:_____

How many pupils attend your school?

Ans:_____

In which year were you born?

Ans:_____

In which year did you start school?

Ans:_____

Check your answers in <u>Appendix 1</u>.

1000	900	800	700	600	500	400	300	200	100	90	50	40	10	5	1
M	CM	DCCC	DCC	DC	D	CD	CCC	CC	C	XC	L	XL	X	V	1

Part 2 - Reading Roman Numerals

Depending on their value, some Roman Numerals can be fairly lengthy. Sometimes, when reading these, it can be helpful to start from the right hand side – first look for the "units" and then the "tens", "hundreds" and "thousands".

For the purpose of reading Roman Numerals, it is important to understand the rules of combination:-

- the convention is that the order of the numerals dictates if their value is added or subtracted – basically:-

    o if one or more letter(s) is/are placed after a letter of greater value, they are **added** - by way of example XI = **11** or LX = **60** or CI = **101** or, if they are all used in order, MDCLXVI = **1666**; and

    o **"4s" & "9s"** - by way of **subtraction**, there are six instances when a letter may be placed before a letter of greater value: they are IV = **4**, IX = **9**, XL = **40**, XC = **90**, CD = **400** and CM = **900**.

- when constructing Roman Numerals, other rules include:-

    o **"5s"** - V, L & D:-

1000	900	800	700	600	500	400	300	200	100	90	50	40	10	5	1
M	CM	DCCC	DCC	DC	D	CD	CCC	CC	C	XC	L	XL	X	V	I

- these symbols are always **added** and only used once – they are **not** subtracted from a letter of a larger value, for example **10**=X [**not** VV], **100**=C [**not** LL], **95**=XCV [XC plus V **not** VC] **450**=CDL [CD plus L **not** LD];

- I, X, C & M:-

    - when **adding**, these symbols should **not** be used more than three times in a row, for example **4**=IV [**not** IIII], **9**=IX [**not** VIIII], **44**=XLIV [XL plus IV **not** XXXXIIII];

    - when **subtracting**

        - they should be taken away **once** only from a letter of a larger value – for example:

            o **18**=XVIII [X plus VIII **not** XIIX],
            o **80**=LXXX [L plus XXX **not** XXC]; and
        - "I" & "X" can only be taken away from the next two letters of greater value (5&10 times their own value), for example:

            o "I"
              4=IV & **9**=IX
              IL, IC, ID & IM do **not** exist.

            o "X"
              40=XL & **90**=XC
              XD & XM do **not** exist.

1000	900	800	700	600	500	400	300	200	100	90	50	40	10	5	1
M	CM	DCCC	DCC	DC	D	CD	CCC	CC	C	XC	L	XL	X	V	1

For a full list of the first 1,000 Roman Numerals, see the look up Tables I – X in <u>Appendix 1</u>.

1000	900	800	700	600	500	400	300	200	100	90	50	40	10	5	1
M	CM	DCCC	DCC	DC	D	CD	CCC	CC	C	XC	L	XL	X	V	1

Exercise 15

What is the value of the following Roman Numerals:-

I	1	II	2	IV	4
V	5	VIII	8	IX	9
X	10	XV	15	XIV	14
L	50	LVI	56	LIX	59
C	100	CVII	107	CLIV	154
D	500	DVIII	508	DCLXIX	669
M	1000	MXII	1007	MDCIV	1094

1000	900	800	700	600	500	400	300	200	100	90	50	40	10	5	1
M	CM	DCCC	DCC	DC	D	CD	CCC	CC	C	XC	L	XL	X	V	I

Exercise 15 - Answers

I	1	II	2	IV	4
V	5	VIII	8	IX	9
X	10	XV	15	XIV	14
L	50	LVI	56	LIX	59
C	100	CVII	107	CLIV	154
D	500	DVIII	508	DCLXIX	669
M	1000	MXII	1012	MDCIV	1604

1000	900	800	700	600	500	400	300	200	100	90	50	40	10	5	1
M	CM	DCCC	DCC	DC	D	CD	CCC	CC	C	XC	L	XL	X	V	1

Exercise 16

In Roman Numerals, **add** the following:-

1	II + I =	3	2.	III + IV =	7
3	IV + I =	5	4.	VII + II =	9

5	IV + III =	7	6	XI + II =	13
7	XI + VI =	17	8	XII + I =	13

9	II + XII =	14	10	IX + V =	14
11	IV + IX =	13	12	VI + V =	11

13	VII + X =	17	14	XXI + IV =	25
15	XI + IX =	20	16	XL + XII =	52

17	LXI + XLI =	102	18	XLIX + II =	46
19	CCC + IX =	309	20	XCI + LII =	143

1000	900	800	700	600	500	400	300	200	100	90	50	40	10	5	1
M	CM	DCCC	DCC	DC	D	CD	CCC	CC	C	XC	L	XL	X	V	I

Exercise 16 – Answers

1	II + I =	III		2	III + IV =	VII
3	IV + I =	V		4	VII + II =	IX

5	IV + III =	VII		6	XI + II =	XIII
7	XI + VI =	XVII		8	XII + I =	XIII

9	II + XII =	XIV		10	IX + V =	XIV
11	IV + IX =	XIII		12	VI + V =	XI

13	VII + X =	XVII		14	XXI + IV =	XXV
15	XI + IX =	XX		16	XL + XII =	LII

17	LXI + XLI =	CII		18	XLIX + II =	LI
19	CCC + IX =	CCCIX		20	XCI + LII =	CXLIII

1000	900	800	700	600	500	400	300	200	100	90	50	40	10	5	1
M	CM	DCCC	DCC	DC	D	CD	CCC	CC	C	XC	L	XL	X	V	1

Exercise 17

In Roman Numerals, **subtract** the following:-

1	III - II =	I	2	VII - III =	IV
3	V - IV =	I	4	IX - VII =	II
5	VII - III =	X	6	XII - II =	X
7	XI - VII =	IV	8	XII - X =	II
9	XV - XI =	IV	10	XX - V =	XIV
11	XXI - X =	XI	12	XII - V =	VII
13	XVII - III =	XIV	14	XXXI - X =	XXI
15	XLI - XII =	XIX	16	XLIV - X =	XXXIV
17	LXVI - LI =	XV	18	XCIX - II =	XCVII
19	CCII - XXV =	CLXXVII	20	XCI - LII =	XLIX

1000	900	800	700	600	500	400	300	200	100	90	50	40	10	5	1
M	CM	DCCC	DCC	DC	D	CD	CCC	CC	C	XC	L	XL	X	V	1

Exercise 17 - Answers

1	III – II =	I	2	VII – III =	IV
3	V – IV =	I	4	IX – VII =	II
5	VII – III =	IV	6	XII – II =	X
7	XI – VII =	IV	8	XII – X =	II
9	XV – XI =	IV	10	XX – V =	XV
11	XXI – X =	XI	12	XII – V =	VII
13	XVII – III =	XIV	14	XXXI – X =	XXI
15	XLI – XII =	XXIX	16	XLIV – X =	XXXIV
17	LXVI – LI =	XV	18	XCIX – II =	XCVII
19	CCII – XXV =	CLXXVII	20	XCI – LII =	XXXIX

1000	900	800	700	600	500	400	300	200	100	90	50	40	10	5	1
M	CM	DCCC	DCC	DC	D	CD	CCC	CC	C	XC	L	XL	X	V	1

Exercise 18

Complete the following:-

1	II +		= III	2	III +		= VII
3	IV +		= V	4	VII +		= IX
5	IV +		= VII	6	XI +		= XIII
7	XI +		= XVII	8	XII +		= XIII
9	II +		= XIV	10	IX +		= XIV
11		+ IX	= XIII	12		+ V	= XI
13		+ X	= XVII	14		+ IV	= XXV
15		+ IX	= XX	16		+ XII	= LII
17		+ XLI	= CII	18		+ II	= LI
19		+ IX	= CCIX	20		+ LII	= CXLIII

1000	900	800	700	600	500	400	300	200	100	90	50	40	10	5	1
M	CM	DCCC	DCC	DC	D	CD	CCC	CC	C	XC	L	XL	X	V	1

Exercise 18 - Answers

1	II +	I	= III	2	III +	IV	= VII
3	IV +	I	= V	4	VII +	II	= IX
5	IV +	III	= VII	6	XI +	II	= XIII
7	XI +	VI	= XVII	8	XII +	I	= XIII
9	II +	XII	= XIV	10	IX +	V	= XIV
11	IV	+ IX	= XIII	12	VI	+ V	= XI
13	VII	+ X	= XVII	14	XXI	+ IV	= XXV
15	XI	+ IX	= XX	16	XL	+ XII	= LII
17	LXI	+ XLI	= CII	18	XLIX	+ II	= LI
19	CC	+ IX	= CCIX	20	XCI	+ LII	= CXLIII

1000	900	800	700	600	500	400	300	200	100	90	50	40	10	5	1
M	CM	DCCC	DCC	DC	D	CD	CCC	CC	C	XC	L	XL	X	V	I

Exercise 19

What comes next in the following sequences?

1.	II	IV	VI	VIII	X	XII
2.	III	VI	IX	XII	XV	XVIII

3.	IV	VIII	XII	XVI	XX	XXIV
4.	V	X	XV	XX	XXV	XXX

5.	VI	XII	XVIII	XXIV	XXX	XXXVI
6.	X	XX	XXX	XL	L	LX

7.	XX	XL	LX	LXXX	C	CXX
8.	L	C	CL	CC	CCL	CCC

9.	C	CC	CCC	CD	D	DC
10.	D	M	MD	MM	MMD	MMM

1000	900	800	700	600	500	400	300	200	100	90	50	40	10	5	1
M	CM	DCCC	DCC	DC	D	CD	CCC	CC	C	XC	L	XL	X	V	1

Exercise 19 - Answers

1.	II	IV	VI	VIII	X	XII
2.	III	VI	IX	XII	XV	XVIII

3.	IV	VIII	XII	XVI	XX	XXIV
4.	V	X	XV	XX	XXV	XXX

5.	VI	XII	XVIII	XXIV	XXX	XXXVI
6.	X	XX	XXX	XL	L	LX

7.	XX	XL	LX	LXXX	C	CXX
8.	L	C	CL	CC	CCL	CCC

9.	C	CC	CCC	CD	D	DC
10.	D	M	MD	MM	MMD	MMM

1000	900	800	700	600	500	400	300	200	100	90	50	40	10	5	1
M	CM	DCCC	DCC	DC	D	CD	CCC	CC	C	XC	L	XL	X	V	1

Exercise 20

What comes next in the following sequences:-

1.	XXIV	XX	XVI	XII	VIII	
2.	XXX	XXV	XX	XV	X	
3.	LX	L	XL	XXX	XX	

4.	CXX	C	LXXX	LX	XL	
5.	CCC	CCL	CC	CL	C	
6.	DC	C	CD	CCC	CC	

7.	MMM	MMD	MM	MD	M	
8.	II	III	V	VII	XI	

Hint: Prime Nos

9.	I	IV	IX	XVI	XXV	

Hint: Squares

10.	I	VIII	XXVII	LXIV	CXXV	

Hint: Cubes

| 1000 | 900 | 800 | 700 | 600 | 500 | 400 | 300 | 200 | 100 | 90 | 50 | 40 | 10 | 5 | 1 |
| M | CM | DCCC | DCC | DC | D | CD | CCC | CC | C | XC | L | XL | X | V | 1 |

Exercise 20 - Answers

1.	XXIV	XX	XVI	XII	VIII	IV
2.	XXX	XXV	XX	XV	X	V
3.	LX	L	XL	XXX	XX	X

4.	CXX	C	LXXX	LX	XL	XX
5.	CCC	CCL	CC	CL	C	L
6.	DC	C	CD	CCC	CC	C

| 7. | MMM | MMD | MM | MD | M | D |
| 8. | II | III | V | VII | XI | XIII |

Hint: Prime Nos

| 9. | I | IV | IX | XVI | XXV | XXXVI |

Hint: Squares

| 10. | I | VIII | XXVII | LXIV | CXXV | CCXVI |

Hint: Cubes

```
1000  900  800   700  600  500  400  300  200  100  90  50  40  10  5  1
  M    CM  DCCC  DCC  DC   D    CD   CCC  CC   C    XC  L   XL  X   V  1
```

Section 2

Roman Numerals today

Roman Numerals first appeared between 900 & 800BC and were in general use throughout Europe to about 900AD.

Albeit significantly less popular following the introduction of Arabic Numerals, you can still find Roman Numerals in use today, such as:-

- engraved on some buildings and monuments, illustrating their year of construction, for example MCMLXXI (**1971**);

- used on some clocks and watches, from I to XII (**1–12**) – sometimes IV is shown as IIII;

- representing kings and queens (Henry VIII had six wives; Elizabeth II holds the record for being the UK's longest reigning monarch);

- on TV, giving the year of production at the end of programme credits, for example MCMXCI (**1991**);

- numbering:-

1000	900	800	700	600	500	400	300	200	100	90	50	40	10	5	1
M	CM	DCCC	DCC	DC	D	CD	CCC	CC	C	XC	L	XL	X	V	1

- o some sporting events, such as the Summer Olympics and the Super Bowl; and

- o preliminary pages of some books, such as an acknowledgement, foreword or preface, in which case the letters are normally in lower case – i, ii, iii, ix, v, vi, vii etc.

Finally, you need to be aware that there were some inconsistencies when Ancient Romans actually wrote numerals – by way of example:-

- if XXXXII was engraved by an Ancient Roman [rather than XLII], then that has been carved in stone for posterity!

1000	900	800	700	600	500	400	300	200	100	90	50	40	10	5	1
M	CM	DCCC	DCC	DC	D	CD	CCC	CC	C	XC	L	XL	X	V	1

Section 3 - Roman Numerals from 1,001 to 3,000

A selection of Roman Numerals from 1,001 to 3,000 is reproduced below – to practice writing years, just keep combining smaller numerals together:-

[1,000 = M : 'Add' M to 1 - 999]

Roman Numerals 1,001 – 1,010

1001	MI	1006	MVI
1002	MII	1007	MVII
1003	MIII	1008	MVIII
1004	MIV	1009	MIX
1005	MV	1010	MX

Roman Numerals 1,111 – 1,120

[1,100 = MC : 'Add' MC to 1 - 99]

1111	MCXI	1116	MCXVI
1112	MCXII	1117	MCXVII
1113	MCXIII	1118	MCXVIII
1114	MCXIV	1119	MCXIX
1115	MCXV	1120	MCXX

1000	900	800	700	600	500	400	300	200	100	90	50	40	10	5	1
M	CM	DCCC	DCC	DC	D	CD	CCC	CC	C	XC	L	XL	X	V	I

Roman Numerals 1,221 – 1,230

[1,200 = MCC : 'Add' MCC to 1 - 99]

1221	MCCXXI	1226	MCCXXVI
1222	MCCXXII	1227	MCCXXVII
1223	MCCXXIII	1228	MCCXXVIII
1224	MCCXXIV	1229	MCCXXIX
1225	MCCXXV	1230	MCCXXX

Roman Numerals 1,331 – 1,340

[1,300 = MCCC : 'Add' MCCC to 1 - 99]

1331	MCCCXXXI	1336	MCCCXXXVI
1332	MCCCXXXII	1337	MCCCXXXVII
1333	MCCCXXXIII	1338	MCCCXXXVIII
1334	MCCCXXXIV	1339	MCCCXXXIX
1335	MCCCXXXV	1340	MCCCXL

1000	900	800	700	600	500	400	300	200	100	90	50	40	10	5	1
M	CM	DCCC	DCC	DC	D	CD	CCC	CC	C	XC	L	XL	X	V	1

Roman Numerals 1,441 – 1,450

[1,400 = MCD : 'Add' MCD to 1 - 99]

1441	MCDXLI	1446	MCDXLVI
1442	MCDXLII	1447	MCDXLVII
1443	MCDXLIII	1448	MCDXLVIII
1444	MCDXLIV	1449	MCDXLIX
1445	MCDXLV	1450	MCDL

Roman Numerals 1,551 – 1,560

[1,500 = MD : 'Add' MD to 1 - 99]

1551	MDLI	1556	MDLVI
1552	MDLII	1557	MDLVII
1553	MDLIII	1558	MDLVIII
1554	MDLIV	1559	MDLIX
1555	MDLV	1560	MDLX

1000	900	800	700	600	500	400	300	200	100	90	50	40	10	5	1
M	CM	DCCC	DCC	DC	D	CD	CCC	CC	C	XC	L	XL	X	V	I

Roman Numerals 1,661 – 1,670

[1,600 = MDC : 'Add' MDC to 1 - 99]

1661	MDCLXI	1666	MDCLXVI
1662	MDCLXII	1667	MDCLXVII
1663	MDCLXIII	1668	MDCLXVIII
1664	MDCLXIV	1669	MDCLXIX
1665	MDCLXV	1670	MDCLXX

Roman Numerals 1,771 – 1,780

[1,700 = MDCC : 'Add' MDCC to 1 - 99]

1771	MDCCLXXI	1776	MDCCLXXVI
1772	MDCCLXXII	1777	MDCCLXXVII
1773	MDCCLXXIII	1778	MDCCLXXVIII
1774	MDCCLXXIV	1779	MDCCLXXIX
1775	MDCCLXXV	1780	MDCCLXXX

1000	900	800	700	600	500	400	300	200	100	90	50	40	10	5	1
M	CM	DCCC	DCC	DC	D	CD	CCC	CC	C	XC	L	XL	X	V	I

Roman Numerals 1,881 – 1,890

[1,800 = MDCCC : 'Add' MDCCC to 1 - 99]

1881	MDCCCLXXXI	1886	MDCCCLXXXVI
1882	MDCCCLXXXII	1887	MDCCCLXXXVII
1883	MDCCCLXXXIII	1888	MDCCCLXXXVIII
1884	MDCCCLXXXIV	1889	MDCCCLXXXIX
1885	MDCCCLXXXV	1890	MDCCCXC

Roman Numerals 1,991 – 2,000

[1,900 = MCM : 'Add' MCM to 1 - 99]

1991	MCMXCI	1996	MCMXCVI
1992	MCMXCII	1997	MCMXCVII
1993	MCMXCIII	1998	MCMXCVIII
1994	MCMXCIV	1999	MCMXCIX
1995	MCMXCV	2000	MM

1000	900	800	700	600	500	400	300	200	100	90	50	40	10	5	1
M	CM	DCCC	DCC	DC	D	CD	CCC	CC	C	XC	L	XL	X	V	I

[2,000 = MM : 'Add' MM to 1 - 999]

Roman Numerals 2,001 – 2,010

2001	MMI	2006	MMVI
2002	MMII	2007	MMVII
2003	MMIII	2008	MMVIII
2004	MMIV	2009	MMIX
2005	MMV	2010	MMX

Roman Numerals 2,111 – 2,120

[2,100 = MMC : 'Add' MMC to 1 - 99]

2111	MMCXI	2116	MMCXVI
2112	MMCXII	2117	MMCXVII
2113	MMCXIII	2118	MMCXVIII
2114	MMCXIV	2119	MMCXIX
2115	MMCXV	2120	MMCXX

1000	900	800	700	600	500	400	300	200	100	90	50	40	10	5	1
M	CM	DCCC	DCC	DC	D	CD	CCC	CC	C	XC	L	XL	X	V	1

Roman Numerals 2,221 – 2,230

[2,200 = MMCC : 'Add' MMCC to 1 - 99]

2221	MMCCXXI	2226	MMCCXXVI
2222	MMCCXXII	2227	MMCCXXVII
2223	MMCCXXIII	2228	MMCCXXVIII
2224	MMCCXXIV	2229	MMCCXXIX
2225	MMCCXXV	2230	MMCCXXX

Roman Numerals 2,331 – 2,340

[2,300 = MMCCC : 'Add' MMCCC to 1 - 99]

2331	MMCCCXXXI	2336	MMCCCXXXVI
2332	MMCCCXXXII	2337	MMCCCXXXVII
2333	MMCCCXXXIII	2338	MMCCCXXXVIII
2334	MMCCCXXXIV	2339	MMCCCXXXIX
2335	MMCCCXXXV	2340	MMCCCXL

1000	900	800	700	600	500	400	300	200	100	90	50	40	10	5	1
M	CM	DCCC	DCC	DC	D	CD	CCC	CC	C	XC	L	XL	X	V	I

Roman Numerals 2,441 – 2,450

[2,400 = MMCD : 'Add' MMCD to 1 - 99]

2441	MMCDXLI	2446	MMCDXLVI
2442	MMCDXLII	2447	MMCDXLVII
2443	MMCDXLIII	2448	MMCDXLVIII
2444	MMCDXLIV	2449	MMCDXLIX
2445	MMCDXLV	2450	MMCDL

Roman Numerals 2,551 – 2,560

[2,500 = MMD : 'Add' MMD to 1 - 99]

2551	MMDL1	2556	MMDLVI
2552	MMDLII	2557	MMDLVII
2553	MMDLIII	2558	MMDLVIII
2554	MMDLIV	2559	MMDLIX
2555	MMDLV	2560	MMDLX

1000	900	800	700	600	500	400	300	200	100	90	50	40	10	5	1
M	CM	DCCC	DCC	DC	D	CD	CCC	CC	C	XC	L	XL	X	V	1

Roman Numerals 2,661 – 2,670

[2,600 = MMDC : 'Add' MMDC to 1 - 99]

2661	MMDCLXI	2666	MMDCLXVI
2662	MMDCLXII	2667	MMDCLXVII
2663	MMDCLXIII	2668	MMDCLXVIII
2664	MMDCLXIV	2669	MMDCLXIX
2665	MMDCLXV	2670	MMDCLXX

Roman Numerals 2,771 – 2,780

[2,700 = MMDCC : 'Add' MMDCC to 1 - 99]

2771	MMDCCLXXI	2776	MMDCCLXXVI
2772	MMDCCLXXII	2777	MMDCCLXXVII
2773	MMDCCLXXIII	2778	MMDCCLXXVIII
2774	MMDCCLXXIV	2779	MMDCCLXXIX
2775	MMDCCLXXV	2780	MMDCCLXXX

1000	900	800	700	600	500	400	300	200	100	90	50	40	10	5	1
M	CM	DCCC	DCC	DC	D	CD	CCC	CC	C	XC	L	XL	X	V	1

Roman Numerals 2,881 – 2,890

[2,800 = MMDCCC : 'Add' MMDCCC to 1 - 99]

2881	MMDCCCLXXXI	2886	MMDCCCLXXXVI
2882	MMDCCCLXXXII	2887	MMDCCCLXXXVII
2883	MMDCCCLXXXIII	2888	MMDCCCLXXXVIII
2884	MMDCCCLXXXIV	2889	MMDCCCLXXXIX
2885	MMDCCCLXXXV	2890	MMDCCCXC

Roman Numerals 2,991 – 3,000

[2,900 = MMCM : 'Add' MMCM to 1 - 99]

2991	MMCMXCI	2996	MMCMXCVI
2992	MMCMXCII	2997	MMCMXCVII
2993	MMCMXCIII	2998	MMCMXCVIII
2994	MMCMXCIV	2999	MMCMXCIX
2995	MMCMXCV	3000	MMM

1000	900	800	700	600	500	400	300	200	100	90	50	40	10	5	1
M	CM	DCCC	DCC	DC	D	CD	CCC	CC	C	XC	L	XL	X	V	I

Summer Olympics

The modern Olympics first took place in 1896.

Generally, the Summer Olympics take place over a number of weeks every four years - each is called an Olympiad and written in Roman Numerals.

Practice writing the Roman Numerals for each year of the following Summer Olympics:-

Host City	Olympiad	Year	Roman Numerals
Athens	I	1896	MDCCCXCVI
Paris	II	1900	MCM
St. Louis	III	1904	MCMIV
London	IV	1908	MCMVIII
Stockholm	V	1912	MCMXII
None - WWI	VI	1916	MCMXVI
Antwerp	VII	1920	MCMXX
Paris	VIII	1924	MCMXXIV
Amsterdam	IX	1928	MCMXXVIII
Los Angeles	X	1932	MCMXXXII
Berlin	XI	1936	MCMXXXVI
None - WWII	XII	1940	MCMXL
None - WWII	XIII	1944	MCMXLIV
London	XIV	1948	MCMXLVIII

| 1000 | 900 | 800 | 700 | 600 | 500 | 400 | 300 | 200 | 100 | 90 | 50 | 40 | 10 | 5 | 1 |
| M | CM | DCCC | DCC | DC | D | CD | CCC | CC | C | XC | L | XL | X | V | 1 |

Helsinki	XV	1952	MCMLII
Melbourne	XVI	1956	MCMLVI
Rome	XVII	1960	MCMLX
Tokyo	XVIII	1964	MCMLXIV
Mexico City	XIX	1968	MCMLXVIII
Munich	XX	1972	MCMLXXII
Montreal	XXI	1976	MCMLXXVI
Moscow	XXII	1980	MCMLXXX
Los Angeles	XXIII	1984	MCMLXXXIV
Seoul	XXIV	1988	MCMLXXXVIII
Barcelona	XXV	1992	MCMXCII
Atlanta	XXVI	1996	MCMXCVI
Sydney	XXVII	2000	MM
Athens	XXVIII	2004	MMIV
Beijing	XXIX	2008	MMVIII
London	XXX	2012	MMXII
Rio de Janeiro	XXXI	2016	MMXVI
Tokyo	XXXII	2020	MMXX

1000	900	800	700	600	500	400	300	200	100	90	50	40	10	5	1
M	CM	DCCC	DCC	DC	D	CD	CCC	CC	C	XC	L	XL	X	V	1

Summer Olympics - Answers

Host City	Olympiad	Year	Roman Numerals
Athens	I	1896	MDCCCXCVI
Paris	II	1900	MCM
St. Louis	III	1904	MCMIV
London	IV	1908	MCMVIII
Stockholm	V	1912	MCMXII
None - WWI	VI	1916	MCMXVI
Antwerp	VII	1920	MCMXX
Paris	VIII	1924	MCMXXIV
Amsterdam	IX	1928	MCMXXVIII
Los Angeles	X	1932	MCMXXXII
Berlin	XI	1936	MCMXXXVI
None - WWII	XII	1940	MCMXL
None - WWII	XIII	1944	MCMXLIV
London	XIV	1948	MCMXLVIII
Helsinki	XV	1952	MCMLII
Melbourne	XVI	1956	MCMLVI
Rome	XVII	1960	MCMLX
Tokyo	XVIII	1964	MCMLXIV
Mexico City	XIX	1968	MCMLXVIII
Munich	XX	1972	MCMLXXII

1000	900	800	700	600	500	400	300	200	100	90	50	40	10	5	1
M	CM	DCCC	DCC	DC	D	CD	CCC	CC	C	XC	L	XL	X	V	1

Montreal	XXI	1976	MCMLXXVI
Moscow	XXII	1980	MCMLXXX
Los Angeles	XXIII	1984	MCMLXXXIV
Seoul	XXIV	1988	MCMLXXXVIII
Barcelona	XXV	1992	MCMXCII
Atlanta	XXVI	1996	MCMXCVI
Sydney	XXVII	2000	MM
Athens	XXVIII	2004	MMIV
Beijing	XXIX	2008	MMVIII
London	XXX	2012	MMXII
Rio de Janeiro	XXXI	2016	MMXVI
Tokyo	XXXII	2020	MMXX

1000	900	800	700	600	500	400	300	200	100	90	50	40	10	5	1
M	CM	DCCC	DCC	DC	D	CD	CCC	CC	C	XC	L	XL	X	V	1

Presidents of the United States of America

The Office of the President of the United States of America was established in 1789 – four were assassinated in office.

Practice writing the Roman Numerals for each year of appointment:-

No	Name	Year	Roman Numerals

18th Century

1.	George Washington	1789	MDCCLXXXIX
2.	John Adams	1797	MDCCXCVII

19th Century

3.	Thomas Jefferson	1801	
4.	James Madison	1809	
5.	James Monroe	1817	
6.	John Quincy Adams	1825	
7.	Andrew Jackson	1829	
8.	Martin Van Buren	1837	
9.	William H. Harrison	1841	
10.	John Tyler	1841	
11.	James K. Polk	1845	

1000	900	800	700	600	500	400	300	200	100	90	50	40	10	5	1
M	CM	DCCC	DCC	DC	D	CD	CCC	CC	C	XC	L	XL	X	V	1

12.	Zachary Taylor	**1849**	
13.	Millard Fillmore	**1850**	
14.	Franklin Pierce	**1853**	
15.	James Buchanan	**1857**	
16.	Abraham Lincoln (A)	**1861**	
17.	Andrew Johnson	**1865**	
18.	Ulysses S. Grant	**1869**	
19.	Rutherford B. Hayes	**1877**	
20.	James A. Garfield (A)	**1881**	
21.	Chester A. Arthur	**1881**	
22.	Grover Cleveland	**1885**	
23.	Benjamin Harrison	**1889**	
24.	Grover Cleveland	**1893**	
25.	William McKinley (A)	**1897**	

20th Century

26.	Theodore Roosevelt	**1901**	
27.	William Howard Taft	**1909**	
28.	Woodrow Wilson	**1913**	
29.	Warren G. Harding	**1921**	
30.	Calvin Coolidge	**1923**	

1000	900	800	700	600	500	400	300	200	100	90	50	40	10	5	1
M	CM	DCCC	DCC	DC	D	CD	CCC	CC	C	XC	L	XL	X	V	1

31.	Herbert Hoover	**1929**	
32.	Franklin D. Roosevelt	**1933**	
33.	Harry S. Truman	**1945**	
34.	Dwight D. Eisenhower	**1953**	
35.	John F. Kennedy (A)	**1961**	
36.	Lyndon B. Johnson	**1963**	
37.	Richard M. Nixon	**1969**	
38.	Gerald R. Ford	**1974**	
39.	Jimmy Carter	**1977**	
40.	Ronald Reagan	**1981**	
41.	George H. W. Bush	**1989**	
42.	Bill Clinton	**1993**	

21st Century

43.	George W. Bush	**2001**	
44.	Barack Obama	**2009**	
45.	Donald Trump	**2017**	

1000	900	800	700	600	500	400	300	200	100	90	50	40	10	5	1
M	CM	DCCC	DCC	DC	D	CD	CCC	CC	C	XC	L	XL	X	V	1

Presidents of the United States of America - Answers

No	Name	Year	Roman Numerals

18th Century

1.	George Washington	1789	MDCCLXXXIX
2.	John Adams	1797	MDCCXCVII

19th Century

3.	Thomas Jefferson	1801	MDCCCI
4.	James Madison	1809	MDCCCIX
5.	James Monroe	1817	MDCCCXVII
6.	John Quincy Adams	1825	MDCCCXXV
7.	Andrew Jackson	1829	MDCCCXXIX
8.	Martin Van Buren	1837	MDCCCXXXVII
9.	William H. Harrison	1841	MDCCCXLI
10.	John Tyler	1841	MDCCCXLI
11.	James K. Polk	1845	MDCCCXLV
12.	Zachary Taylor	1849	MDCCCXLIX
13.	Millard Fillmore	1850	MDCCCL
14.	Franklin Pierce	1853	MDCCCLIII
15.	James Buchanan	1857	MDCCCLVII
16.	Abraham Lincoln (A)	1861	MDCCCLXI

1000	900	800	700	600	500	400	300	200	100	90	50	40	10	5	1
M	CM	DCCC	DCC	DC	D	CD	CCC	CC	C	XC	L	XL	X	V	1

17.	Andrew Johnson	**1865**	MDCCCLXV
18.	Ulysses S. Grant	**1869**	MDCCCLXIX
19.	Rutherford B. Hayes	**1877**	MDCCCLXXVII
20.	James A. Garfield (A)	**1881**	MDCCCLXXXI
21.	Chester A. Arthur	**1881**	MDCCCLXXXI
22.	Grover Cleveland	**1885**	MDCCCLXXXV
23.	Benjamin Harrison	**1889**	MDCCCLXXXIX
24.	Grover Cleveland	**1893**	MDCCCXCIII
25.	William McKinley (A)	**1897**	MDCCCXCVII

20th Century

26.	Theodore Roosevelt	**1901**	MCMI
27.	William Howard Taft	**1909**	MCMIX
28.	Woodrow Wilson	**1913**	MCMXIII
29.	Warren G. Harding	**1921**	MCMXXI
30.	Calvin Coolidge	**1923**	MCMXXIII
31.	Herbert Hoover	**1929**	MCMXXIX
32.	Franklin D. Roosevelt	**1933**	MCMXXXIII
33.	Harry S. Truman	**1945**	MCMXLV
34.	Dwight D. Eisenhower	**1953**	MCMLIII
35.	John F. Kennedy (A)	**1961**	MCMLXI

1000	900	800	700	600	500	400	300	200	100	90	50	40	10	5	1
M	CM	DCCC	DCC	DC	D	CD	CCC	CC	C	XC	L	XL	X	V	1

36.	Lyndon B. Johnson	**1963**	**MCMLXIII**
37.	Richard M. Nixon	**1969**	**MCMLXIX**
38.	Gerald R. Ford	**1974**	**MCMLXXIV**
39.	Jimmy Carter	**1977**	**MCMLXXVII**
40.	Ronald Reagan	**1981**	**MCMLXXXI**
41.	George H. W. Bush	**1989**	**MCMLXXXIX**
42.	Bill Clinton	**1993**	**MCMXCIII**

21st Century

43.	George W. Bush	**2001**	**MMI**
44.	Barack Obama	**2009**	**MMIX**
45.	Donald Trump	**2017**	**MMXVII**

1000	900	800	700	600	500	400	300	200	100	90	50	40	10	5	1
M	CM	DCCC	DCC	DC	D	CD	CCC	CC	C	XC	L	XL	X	V	I

British Prime Ministers

Sir Robert Walpole is often viewed to be the first British Prime Minister. Some Prime Ministers have had more than one period in office.

Practice writing the Roman Numerals for each year of appointment:-

Name	Year	Roman Numerals

18th Century

Name	Year	Roman Numerals
Robert Walpole	1721	MDCCXXI
Spencer Compton	1742	
Henry Pelham	1743	
Thomas Pelham-Holles [1st]	1754	
William Cavendish	1756	
Thomas Pelham-Holles [2nd]	1757	
John Stuart	1762	
George Grenville	1763	
Charles Watson-Wentworth [1st]	1765	
William Pitt, the Elder	1766	
Augustus Henry Fitzroy	1768	
Frederick North	1770	
Charles Watson-Wentworth [2nd]	1782	

1000	900	800	700	600	500	400	300	200	100	90	50	40	10	5	1
M	CM	DCCC	DCC	DC	D	CD	CCC	CC	C	XC	L	XL	X	V	1

William Petty	1782	
William Cavendish-Bentinck [1st]	1783	
William Pitt, the Younger [1st]	1783	

19th Century

Henry Addington	1801	
William Pitt, the Younger [2nd]	1804	
William Wyndham Grenville	1806	
William Cavendish-Bentinck [2nd]	1807	
Spencer Perceval	1809	
Robert Banks Jenkinson	1812	
George Canning	1827	
Frederick Robinson	1827	
Arthur Wellesley [1st]	1828	
Charles Grey	1830	
William Lamb [1st]	1834	
Arthur Wellesley [2nd]	1834	
Robert Peel [1st]	1834	
William Lamb [2nd]	1835	
Robert Peel [2nd]	1841	
John Russell [1st]	1846	

1000	900	800	700	600	500	400	300	200	100	90	50	40	10	5	1
M	CM	DCCC	DCC	DC	D	CD	CCC	CC	C	XC	L	XL	X	V	1

Edward Smith Stanley [1st]	**1852**	
George Hamilton-Gordon	**1852**	
Henry John Temple [1st]	**1855**	
Edward Smith Stanley [2nd]	**1858**	
Henry John Temple [2nd]	**1859**	
John Russell [2nd]	**1865**	
Edward Smith Stanley [3rd]	**1866**	
Benjamin Disraeli [1st]	**1868**	
William Ewart Gladstone [1st]	**1868**	
Benjamin Disraeli [2nd]	**1874**	
William Ewart Gladstone [2nd]	**1880**	
Robert Gascoyne-Cecil [1st]	**1885**	
William Ewart Gladstone [3rd]	**1886**	
Robert Gascoyne-Cecil [2nd]	**1886**	
William Ewart Gladstone [4th]	**1892**	
Archibald Primrose	**1894**	
Robert Gascoyne-Cecil [4th]	**1895**	

1000	900	800	700	600	500	400	300	200	100	90	50	40	10	5	1
M	CM	DCCC	DCC	DC	D	CD	CCC	CC	C	XC	L	XL	X	V	1

20th Century

Arthur James Balfour	1902	
Henry Campbell-Bannerman	1905	
Herbert Henry Asquith	1908	
David Lloyd George	1916	
Andrew Bonar Law	1922	
Stanley Baldwin [1st]	1923	
James Ramsay MacDonald [1st]	1924	
Stanley Baldwin [2nd]	1924	
James Ramsay MacDonald [2nd]	1929	
Stanley Baldwin [3rd]	1935	
Neville Chamberlain	1937	
Winston Churchill [1st]	1940	
Clement Attlee	1945	
Winston Churchill [2nd]	1951	
Anthony Eden	1955	
Harold Macmillan	1957	
Alec Douglas-Home	1963	
Harold Wilson [1st]	1964	
Edward Heath	1970	

1000	900	800	700	600	500	400	300	200	100	90	50	40	10	5	1
M	CM	DCCC	DCC	DC	D	CD	CCC	CC	C	XC	L	XL	X	V	1

Harold Wilson [2nd]	**1974**	
James Callaghan	**1976**	
Margaret Thatcher	**1979**	
John Major	**1990**	
Tony Blair	**1997**	

21st Century

Gordon Brown	**2007**	
David Cameron	**2010**	
Theresa May	**2016**	

1000	900	800	700	600	500	400	300	200	100	90	50	40	10	5	1
M	CM	DCCC	DCC	DC	D	CD	CCC	CC	C	XC	L	XL	X	V	I

British Prime Ministers - Answers

Name	Year	Roman Numerals

18th Century

Name	Year	Roman Numerals
Robert Walpole	1721	MDCCXXI
Spencer Compton	1742	MDCCXLII
Henry Pelham	1743	MDCCXLIII
Thomas Pelham-Holles [1st]	1754	MDCCLIV
William Cavendish	1756	MDCCLVI
Thomas Pelham-Holles [2nd]	1757	MDCCLVII
John Stuart	1762	MDCCLXII
George Grenville	1763	MDCCLXIII
Charles Watson-Wentworth [1st]	1765	MDCCLXV
William Pitt, the Elder	1766	MDCCLXVI
Augustus Henry Fitzroy	1768	MDCCLXVIII
Frederick North	1770	MDCCLXX
Charles Watson-Wentworth [2nd]	1782	MDCCLXXXII
William Petty	1782	MDCCLXXXII
William Cavendish-Bentinck [1st]	1783	MDCCLXXXIII
William Pitt, the Younger [1st]	1783	MDCCLXXXIII

1000	900	800	700	600	500	400	300	200	100	90	50	40	10	5	1
M	CM	DCCC	DCC	DC	D	CD	CCC	CC	C	XC	L	XL	X	V	I

19th Century

Henry Addington	**1801**	MDCCCI
William Pitt, the Younger [2nd]	**1804**	MDCCCIV
William Wyndham Grenville	**1806**	MDCCCVI
William Cavendish-Bentinck [2nd]	**1807**	MDCCCVII
Spencer Perceval	**1809**	MDCCCIX
Robert Banks Jenkinson	**1812**	MDCCCXII
George Canning	**1827**	MDCCCXXVII
Frederick Robinson	**1827**	MDCCCXXVII
Arthur Wellesley [1st]	**1828**	MDCCCXXVIII
Charles Grey	**1830**	MDCCCXXX
William Lamb [1st]	**1834**	MDCCCXXXIV
Arthur Wellesley [2nd]	**1834**	MDCCCXXXIV
Robert Peel [1st]	**1834**	MDCCCXXXIV
William Lamb [2nd]	**1835**	MDCCCXXXV
Robert Peel [2nd]	**1841**	MDCCCXLI
John Russell [1st]	**1846**	MDCCCXLVI
Edward Smith Stanley [1st]	**1852**	MDCCCLII
George Hamilton-Gordon	**1852**	MDCCCLII
Henry John Temple [1st]	**1855**	MDCCCLV

1000	900	800	700	600	500	400	300	200	100	90	50	40	10	5	1
M	CM	DCCC	DCC	DC	D	CD	CCC	CC	C	XC	L	XL	X	V	I

Edward Smith Stanley [2nd]	1858	MDCCCLVIII
Henry John Temple [2nd]	1859	MDCCCLIX
John Russell [2nd]	1865	MDCCCLXV
Edward Smith Stanley [3rd]	1866	MDCCCLXVI
Benjamin Disraeli [1st]	1868	MDCCCLXVIII
William Ewart Gladstone [1st]	1868	MDCCCLXVIII
Benjamin Disraeli [2nd]	1874	MDCCCLXXIV
William Ewart Gladstone [2nd]	1880	MDCCCLXXX
Robert Gascoyne-Cecil [1st]	1885	MDCCCLXXXV
William Ewart Gladstone [3rd]	1886	MDCCCLXXXVI
Robert Gascoyne-Cecil [2nd]	1886	MDCCCLXXXVI
William Ewart Gladstone [4th]	1892	MDCCCXCII
Archibald Primrose	1894	MDCCCXCIV
Robert Gascoyne-Cecil [4th]	1895	MDCCCXCV

20th Century

Arthur James Balfour	1902	MCMII
Henry Campbell-Bannerman	1905	MCMV
Herbert Henry Asquith	1908	MCMVIII
David Lloyd George	1916	MCMXVI
Andrew Bonar Law	1922	MCMXXII

1000	900	800	700	600	500	400	300	200	100	90	50	40	10	5	1
M	CM	DCCC	DCC	DC	D	CD	CCC	CC	C	XC	L	XL	X	V	1

Stanley Baldwin [1st]	**1923**	MCMXXIII
James Ramsay MacDonald [1st]	**1924**	MCMXXIV
Stanley Baldwin [2nd]	**1924**	MCMXXIV
James Ramsay MacDonald [2nd]	**1929**	MCMXXIX
Stanley Baldwin [3rd]	**1935**	MCMXXXV
Neville Chamberlain	**1937**	MCMXXXVII
Winston Churchill [1st]	**1940**	MCMXL
Clement Attlee	**1945**	MCMXLV
Winston Churchill [2nd]	**1951**	MCMLI
Anthony Eden	**1955**	MCMLV
Harold Macmillan	**1957**	MCMLVII
Alec Douglas-Home	**1963**	MCMLXIII
Harold Wilson [1st]	**1964**	MCMLXIV
Edward Heath	**1970**	MCMLXX
Harold Wilson [2nd]	**1974**	MCMLXXIV
James Callaghan	**1976**	MCMLXXVI
Margaret Thatcher	**1979**	MCMLXXIX
John Major	**1990**	MCMXC
Tony Blair	**1997**	MCMXCVII

1000	900	800	700	600	500	400	300	200	100	90	50	40	10	5	1
M	CM	DCCC	DCC	DC	D	CD	CCC	CC	C	XC	L	XL	X	V	1

21st Century

Gordon Brown	2007	MMVII
David Cameron	2010	MMX
Theresa May	2016	MMXVI

1000	900	800	700	600	500	400	300	200	100	90	50	40	10	5	1
M	CM	DCCC	DCC	DC	D	CD	CCC	CC	C	XC	L	XL	X	V	1

British Monarchs 50 or more years

Six monarchs in Britain have reigned for 50 or more years.

Practice writing the Roman Numerals for the years in question:-

- Elizabeth II holds the record for being the UK's longest reigning monarch, over 65 years

From	**1952**	

- Victoria of the United Kingdom, 63 years

From	**1837**	
To	**1901**	

- George III of the United Kingdom, 59 years

From	**1760**	
To	**1820**	

1000	900	800	700	600	500	400	300	200	100	90	50	40	10	5	1
M	CM	DCCC	DCC	DC	D	CD	CCC	CC	C	XC	L	XL	X	V	1

- James I of England (and VI of Scotland), 57 years

From	1567	
To	1625	

- Henry III of England, 56 years

From	1216	
To	1272	

- Edward III of England, 50 years

From	1327	
To	1377	

1000	900	800	700	600	500	400	300	200	100	90	50	40	10	5	1
M	CM	DCCC	DCC	DC	D	CD	CCC	CC	C	XC	L	XL	X	V	1

British Monarchs 50 or more years- Answers

- Elizabeth II holds the record for being the UK's longest reigning monarch, over 65 years

From	**1952**	MCMLII

- Victoria of the United Kingdom, 63 years

From	**1837**	MDCCCXXXVII
To	**1901**	MCMI

- George III of the United Kingdom, 59 years

From	**1760**	MDCCLX
To	**1820**	MDCCCXX

- James I of England (and VI of Scotland), 57 years

From	**1567**	MDLXVII
To	**1625**	MDCXXV

1000	900	800	700	600	500	400	300	200	100	90	50	40	10	5	1
M	CM	DCCC	DCC	DC	D	CD	CCC	CC	C	XC	L	XL	X	V	I

- Henry III of England, 56 years

From	1216	MCCXVI
To	1272	MCCLXXII

- Edward III of England, 50 years

From	1327	MCCCXXVII
To	1377	MCCCLXXVII

1000	900	800	700	600	500	400	300	200	100	90	50	40	10	5	1
M	CM	DCCC	DCC	DC	D	CD	CCC	CC	C	XC	L	XL	X	V	1

A Selection of Historic Events

Practice writing the Roman Numerals for each year of these interesting events – add your own as you wish:-

Romans were in Britain - from	43	
to	410	
Battle of Hastings	1066	
Magna Carta	1215	
Hundred Years War - from	1337	
to	1453	
Black Death disease - from	1347	
to	1353	
Ming Dynasty, China - from	1368	
to	1644	
Peasants' Revolt	1381	
Battle of Agincourt	1415	
Joan of Arc executed	1431	
Christopher Columbus: born Genoa	1451	
sailed from Europe to America	1492	
Battle of Bosworth	1485	
Vasco da Gama sails around Africa	1497	
Battle of Flodden	1513	

1000	900	800	700	600	500	400	300	200	100	90	50	40	10	5	1
M	CM	DCCC	DCC	DC	D	CD	CCC	CC	C	XC	L	XL	X	V	1

Dissolution of the Monasteries from	**1536**
to	**1540**
Francis Drake sails round the world	**1577**
returns	**1580**
Mary, Queen of Scots executed	**1587**
Spanish armada – 130 ships	**1588**
English armada	**1589**
Gunpowder Plot	**1605**
30 Years war - from	**1618**
to	**1648**
Pilgrim Fathers – Mayflower	**1620**
Taj Mahal completed	**1643**
Charles I executed	**1649**
Great Plague in London	**1665**
Great Fire of London	**1666**
Pennsylvania founded William Penn	**1682**
Battle of the Boyne	**1690**
Bank of England established	**1694**
GB – England, Wales & Scotland	**1707**
South Sea Bubble	**1720**
Battle of Culloden Moor	**1746**
Catherine II (the Great) - from	**1762**
to	**1796**

1000	900	800	700	600	500	400	300	200	100	90	50	40	10	5	1
M	CM	DCCC	DCC	DC	D	CD	CCC	CC	C	XC	L	XL	X	V	1

Boston Tea Party	**1773**
United States formed	**1776**
First [convict] settlement Australia	**1788**
Mutiny on the Bounty	**1789**
French Revolution - from	**1789**
to	**1799**
GB and Ireland merge to form UK	**1801**
Louisiana Purchase	**1803**
Battle of Trafalgar	**1805**
Battle of Waterloo	**1815**
The Alamo	**1836**
Great Famine in Ireland - from	**1845**
to	**1852**
California Gold Rush - from	**1848**
to	**1855**
Crimean War - from	**1853**
to	**1856**
Balaclava - Light Brigade	**1854**
Pony Express - from	**1860**
to	**1861**
American Civil War - from	**1861**
to	**1865**
Canadian Confederation formed	**1867**
Suez Canal opens	**1869**

1000	900	800	700	600	500	400	300	200	100	90	50	40	10	5	1
M	CM	DCCC	DCC	DC	D	CD	CCC	CC	C	XC	L	XL	X	V	1

Great Chicago fire	**1871**
Custer's last stand	**1876**
Battle of Rourke's Drift	**1879**
Eiffel Tower constructed between	**1887**
and	**1889**
The Second Boer War - from	**1899**
to	**1902**
San Francisco earthquake	**1906**
The Titanic – sinks 15 April	**1912**
Panama Canal opens	**1914**
World War I - from	**1914**
to	**1918**
Treaty of Versailles	**1919**
Hitler becomes dictator – Germany	**1933**
World War II - from	**1939**
to	**1945**
Partition of India	**1947**
National Health Service formed	**1948**
Korean War - from	**1950**
to	**1953**
Food rationing ends	**1954**
Hawaii – 50th State	**1959**
Microsoft founded	**1975**
Falklands War	**1982**

1000	900	800	700	600	500	400	300	200	100	90	50	40	10	5	1
M	CM	DCCC	DCC	DC	D	CD	CCC	CC	C	XC	L	XL	X	V	1

| Channel Tunnel opens | 1994 | |
| Facebook launches | 2004 | |

A few firsts:-

Parliament – Iceland	930	
Gunpowder – Chinese written formula	1044	
First practical seed drill – Jethro Tull	1731	
Samuel Johnston's dictionary	1755	
Steam Engine – James Watt	1765	
Hot air balloon – Montgolfier Bros	1783	
Steam Locomotive : Geo Stephenson	1804	
Metropolitan Police – Robert Peel	1829	
Horse-drawn trams in London	1860	
Education Act	1870	
Kentucky Derby	1875	
Bicycles appear on British roads	1885	
Pneumatic tyres – John Dunlop	1887	
Women granted vote – New Zealand	1893	
Aeroplane flight – Orville Wright	1903	
Olympic Gold Medals Awarded	1904	
Formula 1 Grand Prix – France	1906	
South Pole - Roald Amundsen	1911	

```
1000  900  800   700  600  500  400  300  200   100  90  50  40  10   5   1
  M    CM  DCCC  DCC  DC   D    CD   CCC  CC    C    XC  L   XL  X    V   1
```

Non-stop transatlantic - Alcock/Brown	**1919**	
General Strike	**1926**	
Atlantic <u>solo</u> flight - Charles Lindbergh	**1927**	
Talking movies	**1928**	
Atlantic <u>solo</u> female – Amelia Earhart	**1932**	
Mount Everest – Edmund Hilary	**1953**	
Nuclear Power Station – Calder Hall	**1955**	
Man in space - Yuri Gagarin	**1961**	
Portable defibrillator : Frank Pantridge	**1965**	
Super Bowl – Green Bay Packers	**1967**	
Heart transplant – Christiaan Barnard	**1967**	
Moon Landing – Apollo 11	**1969**	
Female Prime Minister UK	**1979**	
Video on MTV	**1981**	
London Marathon	**1981**	
Venice Marathon	**1986**	
Sydney Marathon	**2001**	
YouTube video	**2005**	

1000	**900**	**800**	**700**	**600**	**500**	**400**	**300**	**200**	**100**	**90**	**50**	**40**	**10**	**5**	**1**
M	CM	DCCC	DCC	DC	D	CD	CCC	CC	C	XC	L	XL	X	V	1

A Selection of Historic Events – Answers

Romans were in Britain - from	43	XLIII
to	410	CDX
Battle of Hastings	1066	MLXVI
Magna Carta	1215	MCCXV
Hundred Years War - from	1337	MCCCXXXVII
to	1453	MCDLIII
Black Death disease - from	1347	MCCCXLVII
to	1353	MCCCLIII
Ming Dynasty, China - from	1368	MCCCLXVIII
to	1644	MDCXLIV
Peasants' Revolt	1381	MCCCLXXXI
Battle of Agincourt	1415	MCDXV
Joan of Arc executed	1431	MCDXXXI
Christopher Columbus: born Genoa	1451	MCDLI
sailed from Europe to America	1492	MCDXCII
Battle of Bosworth	1485	MCDLXXXV
Vasco da Gama sails around Africa	1497	MCDXCVII
Battle of Flodden	1513	MDXIII
Dissolution of the Monasteries from	1536	MDXXXVI
to	1540	MDXL
Francis Drake sails round the world	1577	MDLXXVII

1000	900	800	700	600	500	400	300	200	100	90	50	40	10	5	1
M	CM	DCCC	DCC	DC	D	CD	CCC	CC	C	XC	L	XL	X	V	1

returns	1580	MDLXXX
Mary, Queen of Scots executed	1587	MDLXXXVII
Spanish armada – 130 ships	1588	MDLXXXVIII
English armada	1589	MDLXXXIX
Gunpowder Plot	1605	MDCV
30 Years war - from	1618	MDCXVIII
to	1648	MDCXLVIII
Pilgrim Fathers – Mayflower	1620	MDCXX
Taj Mahal completed	1643	MDCXLIII
Charles I executed	1649	MDCXLIX
Great Plague in London	1665	MDCLXV
Great Fire of London	1666	MDCLXVI
Pennsylvania founded William Penn	1682	MDCLXXXII
Battle of the Boyne	1690	MDCXC
Bank of England established	1694	MDCXCIV
GB – England, Wales & Scotland	1707	MDCCVII
South Sea Bubble	1720	MDCCXX
Battle of Culloden Moor	1746	MDCCXLVI
Catherine II (the Great) - from	1762	MDCCLXII
to	1796	MDCCXCVI
Boston Tea Party	1773	MDCCLXXIII
United States formed	1776	MDCCLXXVI
First [convict] settlement Australia	1788	MDCCLXXXVIII
Mutiny on the Bounty	1789	MDCCLXXXIX

1000	900	800	700	600	500	400	300	200	100	90	50	40	10	5	1
M	CM	DCCC	DCC	DC	D	CD	CCC	CC	C	XC	L	XL	X	V	1

French Revolution - from	**1789**	MDCCLXXXIX
to	**1799**	MDCCXCIX
GB and Ireland merge to form UK	**1801**	MDCCCI
Louisiana Purchase	**1803**	MDCCCIII
Battle of Trafalgar	**1805**	MDCCCV
Battle of Waterloo	**1815**	MDCCCXV
The Alamo	**1836**	MDCCCXXXVI
Great Famine in Ireland - from	**1845**	MDCCCXLV
to	**1852**	MDCCCLII
California Gold Rush - from	**1848**	MDCCCXLVIII
to	**1855**	MDCCCLV
Crimean War - from	**1853**	MDCCCLIII
to	**1856**	MDCCCLVI
Balaclava - Light Brigade	**1854**	MDCCCLIV
Pony Express - from	**1860**	MDCCCLX
to	**1861**	MDCCCLXI
American Civil War - from	**1861**	MDCCCLXI
to	**1865**	MDCCCLXV
Canadian Confederation formed	**1867**	MDCCCLXVII
Suez Canal opens	**1869**	MDCCCLXIX
Great Chicago fire	**1871**	MDCCCLXXI
Custer's last stand	**1876**	MDCCCLXXVI
Battle of Rourke's Drift	**1879**	MDCCCLXXIX
Eiffel Tower constructed between	**1887**	MDCCCLXXXVII

1000	900	800	700	600	500	400	300	200	100	90	50	40	10	5	1
M	CM	DCCC	DCC	DC	D	CD	CCC	CC	C	XC	L	XL	X	V	I

and	1889	MDCCCLXXXIX
The Second Boer War - from	1899	MDCCCXCIX
to	1902	MCMII
San Francisco earthquake	1906	MCMVI
The Titanic – sinks 15 April	1912	MCMXII
Panama Canal opens	1914	MCMXIV
World War I - from	1914	MCMXIV
to	1918	MCMXVIII
Treaty of Versailles	1919	MCMXIX
Hitler becomes dictator – Germany	1933	MCMXXXIII
World War II - from	1939	MCMXXXIX
to	1945	MCMXLV
Partition of India	1947	MCMXLVII
National Health Service formed	1948	MCMXLVIII
Korean War - from	1950	MCML
to	1953	MCMLIII
Food rationing ends	1954	MCMLIV
Hawaii – 50th State	1959	MCMLIX
Microsoft founded	1975	MCMLXXV
Falklands War	1982	MCMLXXXII
Channel Tunnel opens	1994	MCMXCIV
Facebook launches	2004	MMIV

1000	900	800	700	600	500	400	300	200	100	90	50	40	10	5	1
M	CM	DCCC	DCC	DC	D	CD	CCC	CC	C	XC	L	XL	X	V	1

A few firsts:-

Parliament – Iceland	930	CMXXX
Gunpowder – Chinese written formula	1044	MXLIV
First practical seed drill – Jethro Tull	1731	MDCCXXXI
Samuel Johnston's dictionary	1755	MDCCLV
Steam Engine – James Watt	1765	MDCCLXV
Hot air balloon – Montgolfier Bros	1783	MDCCLXXXIII
Steam Locomotive : Geo Stephenson	1804	MDCCCIV
Metropolitan Police – Robert Peel	1829	MDCCCXXIX
Horse-drawn trams in London	1860	MDCCCLX
Education Act	1870	MDCCCLXX
Kentucky Derby	1875	MDCCCLXXV
Bicycles appear on British roads	1885	MDCCCLXXXV
Pneumatic tyres – John Dunlop	1887	MDCCCLXXXVII
Women granted vote – New Zealand	1893	MDCCCXCIII
Aeroplane flight – Orville Wright	1903	MCMIII
Olympic Gold Medals Awarded	1904	MCMIV
Formula 1 Grand Prix – France	1906	MCMVI
South Pole - Roald Amundsen	1911	MCMXI
Non-stop transatlantic - Alcock/Brown	1919	MCMXIX
General Strike	1926	MCMXXVI
Atlantic <u>solo</u> flight - Charles Lindbergh	1927	MCMXXVII
Talking movies	1928	MCMXXVIII

1000	900	800	700	600	500	400	300	200	100	90	50	40	10	5	1
M	CM	DCCC	DCC	DC	D	CD	CCC	CC	C	XC	L	XL	X	V	1

Atlantic solo female – Amelia Earhart	**1932**	MCMXXXII
Mount Everest – Edmund Hilary	**1953**	MCMLIII
Nuclear Power Station – Calder Hall	**1955**	MCMLV
Man in space - Yuri Gagarin	**1961**	MCMLXI
Portable defibrillator : Frank Pantridge	**1965**	MCMLXV
Super Bowl – Green Bay Packers	**1967**	MCMLXVII
Heart transplant – Christiaan Barnard	**1967**	MCMLXVII
Moon Landing – Apollo 11	**1969**	MCMLXIX
Female Prime Minister UK	**1979**	MCMLXXIX
Video on MTV	**1981**	MCMLXXXI
London Marathon	**1981**	MCMLXXXI
Venice Marathon	**1986**	MCMLXXXVI
Sydney Marathon	**2001**	MMI
YouTube video	**2005**	MMV

1000	900	800	700	600	500	400	300	200	100	90	50	40	10	5	1
M	CM	DCCC	DCC	DC	D	CD	CCC	CC	C	XC	L	XL	X	V	1

Section 4 – Reading Roman Numeral Years

Remember: look out for any **"4s" & "9s"** - IV, IX, XL, XC, CD and CM

Prime Ministers of Australia

Complete the following table in respect of Prime Ministers of Australia:-

Name	Year	Roman Numerals

20th Century

Name	Year	Roman Numerals
Edmund Barton	**1901**	MCMI
Alfred Deakin [1st]		MCMIII
Chris Watson		MCMIV
George Reid		MCMIV
Alfred Deakin [2nd]		MCMV
Andrew Fisher [1st]		MCMVIII
Alfred Deakin [3rd]		MCMIX
Andrew Fisher [2nd]		MCMX
Joseph Cook		MCMXIII
Andrew Fisher [3rd]		MCMXIV
William Hughes		MCMXV
Stanley Bruce		MCMXXIII

1000	900	800	700	600	500	400	300	200	100	90	50	40	10	5	1
M	CM	DCCC	DCC	DC	D	CD	CCC	CC	C	XC	L	XL	X	V	1

James Scullin		MCMXXIX
Joseph Lyons		MCMXXXII
Earle Page		MCMXXXIX
Robert Menzies [1st]		MCMXXXIX
Arthur Fadden		MCMXLI
John Curtin		MCMXLI
Francis Forde		MCMXLV
Ben Chifley		MCMXLV
Robert Menzies [2nd]		MCMXLIX
Harold Holt		MCMLXVI
John McEwen		MCMLXVII
John Gorton		MCMLXVIII
William McMahon		MCMLXXI
Gough Whitlam		MCMLXXII
Malcolm Fraser		MCMLXXV
Robert Hawke		MCMLXXXIII
Paul Keating		MCMXCI
John Howard		MCMXCVI

21st Century

Kevin Rudd [1st]		MMVII

1000	900	800	700	600	500	400	300	200	100	90	50	40	10	5	1
M	CM	DCCC	DCC	DC	D	CD	CCC	CC	C	XC	L	XL	X	V	1

Julia Gillard		MMX
Kevin Rudd [2nd]		MMXIII
Tony Abbott		MMXIII
Malcolm Turnbull		MMXV
Scott Morrison		MMXVIII

1000	900	800	700	600	500	400	300	200	100	90	50	40	10	5	1
M	CM	DCCC	DCC	DC	D	CD	CCC	CC	C	XC	L	XL	X	V	1

Prime Ministers of Australia - Answers

Name	Year	Roman Numerals

20th Century

Name	Year	Roman Numerals
Edmund Barton	**1901**	MCMI
Alfred Deakin [1st]	**1903**	MCMIII
Chris Watson	**1904**	MCMIV
George Reid	**1904**	MCMIV
Alfred Deakin [2nd]	**1905**	MCMV
Andrew Fisher [1st]	**1908**	MCMVIII
Alfred Deakin [3rd]	**1909**	MCMIX
Andrew Fisher [2nd]	**1910**	MCMX
Joseph Cook	**1913**	MCMXIII
Andrew Fisher [3rd]	**1914**	MCMXIV
William Hughes	**1915**	MCMXV
Stanley Bruce	**1923**	MCMXXIII
James Scullin	**1929**	MCMXXIX
Joseph Lyons	**1932**	MCMXXXII
Earle Page	**1939**	MCMXXXIX
Robert Menzies [1st]	**1939**	MCMXXXIX
Arthur Fadden	**1941**	MCMXLI

1000	900	800	700	600	500	400	300	200	100	90	50	40	10	5	1
M	CM	DCCC	DCC	DC	D	CD	CCC	CC	C	XC	L	XL	X	V	1

John Curtin	**1941**	MCMXLI
Francis Forde	**1945**	MCMXLV
Ben Chifley	**1945**	MCMXLV
Robert Menzies [2nd]	**1949**	MCMXLIX
Harold Holt	**1966**	MCMLXVI
John McEwen	**1967**	MCMLXVII
John Gorton	**1968**	MCMLXVIII
William McMahon	**1971**	MCMLXXI
Gough Whitlam	**1972**	MCMLXXII
Malcolm Fraser	**1975**	MCMLXXV
Robert Hawke	**1983**	MCMLXXXIII
Paul Keating	**1991**	MCMXCI
John Howard	**1996**	MCMXCVI

21st Century

Kevin Rudd [1st]	**2007**	MMVII
Julia Gillard	**2010**	MMX
Kevin Rudd [2nd]	**2013**	MMXIII
Tony Abbott	**2013**	MMXIII
Malcolm Turnbull	**2015**	MMXV
Scott Morrison	**2018**	MMXVIII

```
1000  900   800   700   600  500  400  300  200  100  90  50  40  10  5  1
 M    CM   DCCC  DCC   DC    D   CD   CCC  CC    C   XC   L  XL   X  V  1
```

Kings and Queens - England

Remember, the UK did not always exist - complete each year of appointment in respect of Kings and Queens in England:-

House of Wessex

Egbert		DCCCII
Aethelwulf		DCCCXL
Aethelbald		DCCCLVI
Aethelbert		DCCCLX
Aethelred I		DCCCLXVI
Alfred the Great		DCCCLXXI
Edward the Elder		DCCCXCIX
Athelstan		CMXXIV
Edmund I the Elder		CMXXXIX
Eadred		CMXLVI
Eadwig		CMLV
Edgar the Peaceful		**CMLIX**
Edward the Martyr		CMLXXV
Aethelred II the Unready		CMLXXVIII
Edmund II Ironside		MXVI

1000	900	800	700	600	500	400	300	200	100	90	50	40	10	5	1
M	CM	DCCC	DCC	DC	D	CD	CCC	CC	C	XC	L	XL	X	V	1

House of Denmark

Canute		**MXVI**
Harold I		**MXXXV**
Harthacanute		**MXL**

House of Wessex

Edward the Confessor		**MXLII**
Harold II		**MLXVI**

House of Normandy

William I the Conqueror		**MLXVI**
William II Rufus		**MLXXXVII**
Henry I		**MC**
Stephen		**MCXXXV**

House of Plantagenet

Henry II		**MCLIV**
Richard I the Lionheart		**MCLXXXIX**
John		**MCXCIX**

1000	900	800	700	600	500	400	300	200	100	90	50	40	10	5	1
M	CM	DCCC	DCC	DC	D	CD	CCC	CC	C	XC	L	XL	X	V	1

Henry III		MCCXVI
Edward I		MCCLXXII
Edward II		MCCCVII
Edward III		MCCCXXVII
Richard II		MCCCLXXVII

House of Lancaster

Henry IV		MCCCXCIX
Henry V		MCDXIII
Henry VI		MCDXXII

House of York

Edward IV		MCDLXI
Edward V		MCDLXXXIII
Richard III		MCDLXXXIII

House of Tudor

Henry VII		MCDLXXXV
Henry VIII		MDIX

1000	900	800	700	600	500	400	300	200	100	90	50	40	10	5	1
M	CM	DCCC	DCC	DC	D	CD	CCC	CC	C	XC	L	XL	X	V	1

Edward VI		MDXLVII
Lady Jane Grey (9 days)		MDLIII
Mary I		MDLIII
Elizabeth I		MDLVIII

House of Stuart

James I and VI of Scotland		MDCIII
Charles I		MDCXXV

Commonwealth (declared May 19th 1649)
England is a Republic with a Lord Protector to 1660

Oliver Cromwell		MDCLIII
Richard Cromwell		MDCLVIII

Following the Restoration

Charles II		MDCLX
James II and VII of Scotland		MDCLXXXV
William III and Mary III [d.1694]		MDCLXXXIX
Anne		MDCCII

1000	900	800	700	600	500	400	300	200	100	90	50	40	10	5	1
M	CM	DCCC	DCC	DC	D	CD	CCC	CC	C	XC	L	XL	X	V	1

House of Hanover

George I		MDCCXIV
George II		MDCCXXVII
George III		MDCCLX
George IV		MDCCCXX
William IV		MDCCCXXX
Victoria		MDCCCXXXVII

House of Saxe-Coburg and Gotha

Edward VII		MCMI

House of Saxe-Coburg and Gotha/House of Windsor from 1917

George V		MCMX
Edward VIII		MCMXXXVI
George VI		MCMXXXVI
Elizabeth II		MCMLII

1000	900	800	700	600	500	400	300	200	100	90	50	40	10	5	1
M	CM	DCCC	DCC	DC	D	CD	CCC	CC	C	XC	L	XL	X	V	I

Kings and Queens – England - Answers

House of Wessex

Egbert	**802**	DCCCII
Aethelwulf	**840**	DCCCXL
Aethelbald	**856**	DCCCLVI
Aethelbert	**860**	DCCCLX
Aethelred I	**866**	DCCCLXVI
Alfred the Great	**871**	DCCCLXXI
Edward the Elder	**899**	DCCCXCIX
Athelstan	**924**	CMXXIV
Edmund I the Elder	**939**	CMXXXIX
Eadred	**946**	CMXLVI
Eadwig	**955**	CMLV
Edgar the Peaceful	**959**	**CMLIX**
Edward the Martyr	**975**	CMLXXV
Aethelred II the Unready	**978**	CMLXXVIII
Edmund II Ironside	**1016**	MXVI

| 1000 | 900 | 800 | 700 | 600 | 500 | 400 | 300 | 200 | 100 | 90 | 50 | 40 | 10 | 5 | 1 |
| M | CM | DCCC | DCC | DC | D | CD | CCC | CC | C | XC | L | XL | X | V | 1 |

House of Denmark

Canute	1016	MXVI
Harold I	1035	**MXXXV**
Harthacanute	1040	**MXL**

House of Wessex

Edward the Confessor	1042	MXLII
Harold II	1066	MLXVI

House of Normandy

William I the Conqueror	1066	MLXVI
William II Rufus	1087	MLXXXVII
Henry I	1100	MC
Stephen	1135	MCXXXV

House of Plantagenet

Henry II	1154	MCLIV
Richard I the Lionheart	1189	MCLXXXIX
John	1199	MCXCIX

1000	900	800	700	600	500	400	300	200	100	90	50	40	10	5	1
M	CM	DCCC	DCC	DC	D	CD	CCC	CC	C	XC	L	XL	X	V	1

Henry III	1216	MCCXVI
Edward I	1272	MCCLXXII
Edward II	1307	MCCCVII
Edward III	1327	MCCCXXVII
Richard II	1377	MCCCLXXVII

House of Lancaster

Henry IV	1399	MCCCXCIX
Henry V	1413	MCDXIII
Henry VI	1422	MCDXXII

House of York

Edward IV	1461	MCDLXI
Edward V	1483	MCDLXXXIII
Richard III	1483	MCDLXXXIII

House of Tudor

Henry VII	1485	MCDLXXXV
Henry VIII	1509	MDIX

1000	900	800	700	600	500	400	300	200	100	90	50	40	10	5	1
M	CM	DCCC	DCC	DC	D	CD	CCC	CC	C	XC	L	XL	X	V	1

Edward VI	**1547**	MDXLVII
Lady Jane Grey (9 days)	**1553**	MDLIII
Mary I	**1553**	MDLIII
Elizabeth I	**1558**	MDLVIII

House of Stuart

James I and **VI** of Scotland	**1603**	MDCIII
Charles I	**1625**	MDCXXV

Commonwealth (declared May 19th 1649)
England is a Republic with a Lord Protector to 1660

Oliver Cromwell	**1653**	MDCLIII
Richard Cromwell	**1658**	MDCLVIII

Following the Restoration

Charles II	**1660**	MDCLX
James II and VII of Scotland	**1685**	MDCLXXXV
William III and Mary III [d.1694]	**1689**	MDCLXXXIX
Anne	**1702**	MDCCII

1000	900	800	700	600	500	400	300	200	100	90	50	40	10	5	1
M	CM	DCCC	DCC	DC	D	CD	CCC	CC	C	XC	L	XL	X	V	1

House of Hanover

George I	1714	MDCCXIV
George II	1727	MDCCXXVII
George III	1760	MDCCLX
George IV	1820	MDCCCXX
William IV	1830	MDCCCXXX
Victoria	1837	MDCCCXXXVII

House of Saxe-Coburg and Gotha

Edward VII	1901	MCMI

House of Saxe-Coburg and Gotha/House of Windsor from 1917

George V	1910	MCMX
Edward VIII	1936	MCMXXXVI
George VI	1936	MCMXXXVI
Elizabeth II	1952	MCMLII

1000	900	800	700	600	500	400	300	200	100	90	50	40	10	5	1
M	CM	DCCC	DCC	DC	D	CD	CCC	CC	C	XC	L	XL	X	V	I

Painters – A Selection of Past Masters

Complete the following table in respect of Past Masters – add your own as you wish:-

Donatello	MCCCLXXXVI	
to	MCDLXVI	
Jan van Eyck	MCCCXC	
to	MCDXLI	
Sandro Botticelli	MCDXLV	
to	MDX	
Hieronymus Bosch	MCDL	
to	MDXVI	
Leonardo da Vinci	MCDLII	
to	MDXIX	
Michelangelo	MCDLXXV	
to	MDLXIV	
Raphael	MCDLXXXIII	
to	MDXX	
Titian	MCDXC	
to	MDLXXVI	
El Greco	MDXLI	
to	MDCXIV	

1000	900	800	700	600	500	400	300	200	100	90	50	40	10	5	1
M	CM	DCCC	DCC	DC	D	CD	CCC	CC	C	XC	L	XL	X	V	1

Caravaggio	MDLXXI	
to	MDCX	
Peter Paul Rubens	MDLXXVII	
to	MDCXL	
Gian Lorenzo Bernini	MDXCVIII	
to	MDCLXXX	
Rembrant	MDCVI	
to	MDCLXIX	
Johannes Vermeer	MDCXXXII	
to	MDCLXXV	
Canaletto	MDCXCVII	
to	MDCCLXVIII	
Francisco de Goya	MDCCXLVI	
to	MDCCCXXVIII	
JMW Turner	MDCCLXXV	
to	MDCCCLI	
Camille Pissarro	MDCCCXXX	
to	MCMIII	
Edouard Manet	MDCCCXXXII	
to	MDCCCLXXXIII	
James Abbott McNeill Whistler	MDCCCXXXIV	
to	MCMIII	

```
1000  900   800   700   600  500  400  300  200  100  90  50  40  10  5  1
  M    CM  DCCC  DCC   DC   D   CD  CCC  CC   C   XC  L   XL  X   V  1
```

Edgar Degas	MDCCCXXXIV	
to	MCMXVII	
Paul Cezanne	MDCCCXXXIX	
to	MCMVI	
Oscar Claude Monet	MDCCCXL	
to	MCMXXVI	
Pierre Auguste Renoir	MDCCCXLI	
to	MCMXIX	
Paul Gauguin	MDCCCXLVIII	
to	MCMIII	
Vincent van Gogh	MDCCCLIII	
to	MDCCCXC	
Gustav Klimt	MDCCCLXII	
to	MCMXVIII	
Henri de Toulouse-Lautrec	MDCCCLXIV	
to	MCMI	
Henri Matisse	MDCCCLXIX	
to	MCMLIV	
Pablo Picasso	MDCCCLXXXI	
to	MCMLXXIII	
Joan Miro	MDCCCXCIII	
to	MCMLXXXIII	

1000	900	800	700	600	500	400	300	200	100	90	50	40	10	5	1
M	CM	DCCC	DCC	DC	D	CD	CCC	CC	C	XC	L	XL	X	V	1

Norman Rockwell	MDCCCXCIV	
to	MCMLXXVIII	
Rene Magritte	MDCCCXCVIII	
to	MCMLXVII	
Salvador Dali	MCMIV	
to	MCMLXXXIX	
Frida Kahlo	MCMVII	
to	MCMLIV	
Francis Bacon	MCMIX	
to	MCMXCII	
Jackson Pollock	MCMXII	
to	MCMLVI	
Andy Warhol	MCMXXVIII	
to	MCMLXXXVII	

1000	900	800	700	600	500	400	300	200	100	90	50	40	10	5	1
M	CM	DCCC	DCC	DC	D	CD	CCC	CC	C	XC	L	XL	X	V	1

Painters – A Selection of Past Masters - Answers

Donatello	MCCCLXXXVI	**1386**
to	MCDLXVI	**1466**
Jan van Eyck	MCCCXC	**1390**
to	MCDXLI	**1441**
Sandro Botticelli	MCDXLV	**1445**
to	MDX	**1510**
Hieronymus Bosch	MCDL	**1450**
to	MDXVI	**1516**
Leonardo da Vinci	MCDLII	**1452**
to	MDXIX	**1519**
Michelangelo	MCDLXXV	**1475**
to	MDLXIV	**1564**
Raphael	MCDLXXXIII	**1483**
to	MDXX	**1520**
Titian	MCDXC	**1490**
to	MDLXXVI	**1576**
El Greco	MDXLI	**1541**
to	MDCXIV	**1614**

1000	900	800	700	600	500	400	300	200	100	90	50	40	10	5	1
M	CM	DCCC	DCC	DC	D	CD	CCC	CC	C	XC	L	XL	X	V	1

Caravaggio	MDLXXI	**1571**
to	MDCX	**1610**
Peter Paul Rubens	MDLXXVII	**1577**
to	MDCXL	**1640**
Gian Lorenzo Bernini	MDXCVIII	**1598**
to	MDCLXXX	**1680**
Rembrant	MDCVI	**1606**
to	MDCLXIX	**1669**
Johannes Vermeer	MDCXXXII	**1632**
to	MDCLXXV	**1675**
Canaletto	MDCXCVII	**1697**
to	MDCCLXVIII	**1768**
Francisco de Goya	MDCCXLVI	**1746**
to	MDCCCXXVIII	**1828**
JMW Turner	MDCCLXXV	**1775**
to	MDCCCLI	**1851**
Camille Pissarro	MDCCCXXX	**1830**
to	MCMIII	**1903**
Edouard Manet	MDCCCXXXII	**1832**
to	MDCCCLXXXIII	**1883**
James Abbott McNeill Whistler	MDCCCXXXIV	**1834**
to	MCMIII	**1903**

1000	900	800	700	600	500	400	300	200	100	90	50	40	10	5	1
M	CM	DCCC	DCC	DC	D	CD	CCC	CC	C	XC	L	XL	X	V	1

Edgar Degas	MDCCCXXXIV	**1834**
to	MCMXVII	**1917**
Paul Cezanne	MDCCCXXXIX	**1839**
to	MCMVI	**1906**
Oscar Claude Monet	MDCCCXL	**1840**
to	MCMXXVI	**1926**
Pierre Auguste Renoir	MDCCCXLI	**1841**
to	MCMXIX	**1919**
Paul Gauguin	MDCCCXLVIII	**1848**
to	MCMIII	**1903**
Vincent van Gogh	MDCCCLIII	**1853**
to	MDCCCXC	**1890**
Gustav Klimt	MDCCCLXII	**1862**
to	MCMXVIII	**1918**
Henri de Toulouse-Lautrec	MDCCCLXIV	**1864**
to	MCMI	**1901**
Henri Matisse	MDCCCLXIX	**1869**
to	MCMLIV	**1954**
Pablo Picasso	MDCCCLXXXI	**1881**
to	MCMLXXIII	**1973**
Joan Miro	MDCCCXCIII	**1893**
to	MCMLXXXIII	**1983**

1000 900 800 700 600 500 400 300 200 100 90 50 40 10 5 1
M   CM   DCCC DCC   DC   D   CD   CCC   CC   C   XC   L   XL   X   V   1

Norman Rockwell	MDCCCXCIV	**1894**
to	MCMLXXVIII	**1978**
Rene Magritte	MDCCCXCVIII	**1898**
to	MCMLXVII	**1967**
Salvador Dali	MCMIV	**1904**
to	MCMLXXXIX	**1989**
Frida Kahlo	MCMVII	**1907**
to	MCMLIV	**1954**
Francis Bacon	MCMIX	**1909**
to	MCMXCII	**1992**
Jackson Pollock	MCMXII	**1912**
to	MCMLVI	**1956**
Andy Warhol	MCMXXVIII	**1928**
to	MCMLXXXVII	**1987**

1000	**900**	**800**	**700**	**600**	**500**	**400**	**300**	**200**	**100**	**90**	**50**	**40**	**10**	**5**	**1**
M	CM	DCCC	DCC	DC	D	CD	CCC	CC	C	XC	L	XL	X	V	1

Classical Composers

Complete the following table in respect of Classical Composers – add your own as you wish:-

Claudio Monteverdi	MDLXVII	
to	MDCXLIII	
Henry Purcell	MDCLIX	
to	MDCXCV	
Antonio Vivaldi	MDCLXXVIII	
to	MDCCXLI	
Johann Sebastian Bach	MDCLXXXV	
to	MDCCL	
George Frideric Handel	MDCLXXXV	
to	MDCCLIX	
Franz Joseph Haydn	MDCCXXXII	
to	MDCCCIX	
Wolfgang Amadeus Mozart	MDCCLVI	
to	MDCCXCI	
Ludwig van Beethoven	MDCCLXX	
to	MDCCCXXVII	

1000	900	800	700	600	500	400	300	200	100	90	50	40	10	5	1
M	CM	DCCC	DCC	DC	D	CD	CCC	CC	C	XC	L	XL	X	V	1

Gioachino Rossini	MDCCXCII	
to	MDCCCLXVIII	
Franz Schubert	MDCCXCVII	
to	MDCCCXXVIII	
Johann Strauss (Snr)	MDCCCIV	
to	MDCCCXLIX	
Felix Mendelssohn	MDCCCIX	
to	MDCCCXLVII	
Frederic Chopin	MDCCCX	
to	MDCCCXLIX	
Robert Schumann	MDCCCX	
to	MDCCCLVI	
Franz Listz	MDCCCXI	
to	MDCCCLXXXVI	
Richard Wagner	MDCCCXIII	
to	MDCCCLXXXIII	
Giuseppe Verdi	MDCCCXIII	
to	MCMI	
Johann Strauss (Jnr)	MDCCCXXV	
to	MDCCCXCIX	
Johannes Brahms	MDCCCXXXIII	
to	MDCCCXCVII	

1000	900	800	700	600	500	400	300	200	100	90	50	40	10	5	1
M	CM	DCCC	DCC	DC	D	CD	CCC	CC	C	XC	L	XL	X	V	1

Georges Bizet	MDCCCXXXVIII	
to	MDCCCLXXV	
Pryor Ilyich Tchaikovsky	MDCCCXL	
to	MDCCCXCIII	
Antonin Dvorak	MDCCCXLI	
to	MCMIV	
Edvard Grieg	MDCCCXLIII	
to	MCMVII	
Nikolai Rimsky-Korsakov	MDCCCXLIV	
to	MCMVIII	
Edward Elgar	MDCCCLVII	
to	MCMXXXIV	
Giacomo Puccini	MDCCCLVIII	
to	MCMXXIV	
Gustav Mahler	MDCCCLX	
to	MCMXI	
Claude Debussy	MDCCCLXII	
to	MCMXVIII	
Richard Strauss	MDCCCLXIV	
to	MCMXLIX	
Jean Sibelius	MDCCCLXV	
to	MCMLVII	

1000	900	800	700	600	500	400	300	200	100	90	50	40	10	5	1
M	CM	DCCC	DCC	DC	D	CD	CCC	CC	C	XC	L	XL	X	V	1

Ralph Vaughan Williams	MDCCCLXXII	
to	MCMLVIII	
Sergei Rachmaninov	MDCCCLXXIII	
to	MCMXLIII	
Gustav Holst	MDCCCLXXIV	
to	MCMXXXIV	
Maurice Ravel	MDCCCLXXV	
to	MCMXXXVII	
Igor Stravinsky	MDCCCLXXXII	
to	MCMLXXI	
George Gershwin	MDCCCXCVIII	
to	MCMXXXVII	
Benjamin Britten	MCMXIII	
to	MCMLXXVI	
Leonard Bernstein	MCMXVIII	
to	MCMXC	

1000	900	800	700	600	500	400	300	200	100	90	50	40	10	5	1
M	CM	DCCC	DCC	DC	D	CD	CCC	CC	C	XC	L	XL	X	V	1

Classical Composers - Answers

Claudio Monteverdi	MDLXVII	**1567**
to	MDCXLIII	**1643**
Henry Purcell	MDCLIX	**1659**
to	MDCXCV	**1695**
Antonio Vivaldi	MDCLXXVIII	**1678**
to	MDCCXLI	**1741**
Johann Sebastian Bach	MDCLXXXV	**1685**
to	MDCCL	**1750**
George Frideric Handel	MDCLXXXV	**1685**
to	MDCCLIX	**1759**
Franz Joseph Haydn	MDCCXXXII	**1732**
to	MDCCCIX	**1809**
Wolfgang Amadeus Mozart	MDCCLVI	**1756**
to	MDCCXCI	**1791**
Ludwig van Beethoven	MDCCLXX	**1770**
to	MDCCCXXVII	**1827**

1000	900	800	700	600	500	400	300	200	100	90	50	40	10	5	1
M	CM	DCCC	DCC	DC	D	CD	CCC	CC	C	XC	L	XL	X	V	1

Gioachino Rossini	MDCCXCII	**1792**
to	MDCCCLXVIII	**1868**
Franz Schubert	MDCCXCVII	**1797**
to	MDCCCXXVIII	**1828**
Johann Strauss (Snr)	MDCCCIV	**1804**
to	MDCCCXLIX	**1849**
Felix Mendelssohn	MDCCCIX	**1809**
to	MDCCCXLVII	**1847**
Frederic Chopin	MDCCCX	**1810**
to	MDCCCXLIX	**1849**
Robert Schumann	MDCCCX	**1810**
to	MDCCCLVI	**1856**
Franz Listz	MDCCCXI	**1811**
to	MDCCCLXXXVI	**1886**
Richard Wagner	MDCCCXIII	**1813**
to	MDCCCLXXXIII	**1883**
Giuseppe Verdi	MDCCCXIII	**1813**
to	MCMI	**1901**
Johann Strauss (Jnr)	MDCCCXXV	**1825**
to	MDCCCXCIX	**1899**
Johannes Brahms	MDCCCXXXIII	**1833**
to	MDCCCXCVII	**1897**

```
1000  900   800   700   600  500   400  300   200  100  90  50  40  10  5  1
 M    CM   DCCC  DCC   DC    D    CD   CCC   CC    C   XC   L  XL   X  V  1
```

Georges Bizet	MDCCCXXXVIII	**1838**
to	MDCCCLXXV	**1875**
Pryor Ilyich Tchaikovsky	MDCCCXL	**1840**
to	MDCCCXCIII	**1893**
Antonin Dvorak	MDCCCXLI	**1841**
to	MCMIV	**1904**
Edvard Grieg	MDCCCXLIII	**1843**
to	MCMVII	**1907**
Nikolai Rimsky-Korsakov	MDCCCXLIV	**1844**
to	MCMVIII	**1908**
Edward Elgar	MDCCCLVII	**1857**
to	MCMXXXIV	**1934**
Giacomo Puccini	MDCCCLVIII	**1858**
to	MCMXXIV	**1924**
Gustav Mahler	MDCCCLX	**1860**
to	MCMXI	**1911**
Claude Debussy	MDCCCLXII	**1862**
to	MCMXVIII	**1918**
Richard Strauss	MDCCCLXIV	**1864**
to	MCMXLIX	**1949**
Jean Sibelius	MDCCCLXV	**1865**
to	MCMLVII	**1957**

```
1000  900   800   700   600   500   400   300   200   100   90   50   40   10   5   1
 M    CM   DCCC  DCC   DC    D    CD   CCC    CC    C   XC   L   XL    X   V   1
```

Ralph Vaughan Williams	MDCCCLXXII	**1872**
to	MCMLVIII	**1958**
Sergei Rachmaninov	MDCCCLXXIII	**1873**
to	MCMXLIII	**1943**
Gustav Holst	MDCCCLXXIV	**1874**
to	MCMXXXIV	**1934**
Maurice Ravel	MDCCCLXXV	**1875**
to	MCMXXXVII	**1937**
Igor Stravinsky	MDCCCLXXXII	**1882**
to	MCMLXXI	**1971**
George Gershwin	MDCCCXCVIII	**1898**
to	MCMXXXVII	**1937**
Benjamin Britten	MCMXIII	**1913**
to	MCMLXXVI	**1976**
Leonard Bernstein	MCMXVIII	**1918**
to	MCMXC	**1990**

1000	**900**	**800**	**700**	**600**	**500**	**400**	**300**	**200**	**100**	**90**	**50**	**40**	**10**	**5**	**1**
M	CM	DCCC	DCC	DC	D	CD	CCC	CC	C	XC	L	XL	X	V	1

Appendix 1 – Roman Numerals 1-1000

Table I [1]

Roman Numerals 1 – 100

1	I	2	II
3	III	4	IV
5	V	6	VI
7	VII	8	VIII
9	IX	10	X

11	XI	12	XII
13	XIII	14	XIV
15	XV	16	XVI
17	XVII	18	XVIII
19	XIX	20	XX

21	XXI	22	XXII
23	XXIII	24	XXIV
25	XXV	26	XXVI
27	XXVII	28	XXVIII
29	XXIX	30	XXX

1000	900	800	700	600	500	400	300	200	100	90	50	40	10	5	1
M	CM	DCCC	DCC	DC	D	CD	CCC	CC	C	XC	L	XL	X	V	1

31	XXXI		32	XXXII
33	XXXIII		34	XXXIV
35	XXXV		36	XXXVI
37	XXXVII		38	XXXVIII
39	XXXIX		40	XL

41	XLI		42	XLII
43	XLIII		44	XLIV
45	XLV		46	XLVI
47	XLVII		48	XLVIII
49	XLIX		50	L

51	LI		52	LII
53	LIII		54	LIV
55	LV		56	LVI
57	LVII		58	LVIII
59	LIX		60	LX

1000	900	800	700	600	500	400	300	200	100	90	50	40	10	5	1
M	CM	DCCC	DCC	DC	D	CD	CCC	CC	C	XC	L	XL	X	V	1

61	LXI		62	LXII
63	LXIII		64	LXIV
65	LXV		66	LXVI
67	LXVII		68	LXVIII
69	LXIX		70	LXX

71	LXXI		72	LXXII
73	LXXIII		74	LXXIV
75	LXXV		76	LXXVI
77	LXXVII		78	LXXVIII
79	LXXIX		80	LXXX

81	LXXXI		82	LXXXII
83	LXXXIII		84	LXXXIV
85	LXXXV		86	LXXXVI
87	LXXXVII		88	LXXXVIII
89	LXXXIX		90	XC

91	XCI		92	XCII
93	XCIII		94	XCIV
95	XCV		96	XCVI
97	XCVII		98	XCVIII
99	XCIX		100	C

1000	900	800	700	600	500	400	300	200	100	90	50	40	10	5	1
M	CM	DCCC	DCC	DC	D	CD	CCC	CC	C	XC	L	XL	X	V	1

Table II [2]

Roman Numerals 101 – 200

[100 = C : 'Add' C to 1 - 99]

101	CI		102	CII
103	CIII		104	CIV
105	CV		106	CVI
107	CVII		108	CVIII
109	CIX		110	CX

111	CXI		112	CXII
113	CXIII		114	CXIV
115	CXV		116	CXVI
117	CXVII		118	CXVIII
119	CXIX		120	CXX

121	CXXI		122	CXXII
123	CXXIII		124	CXXIV
125	CXXV		126	CXXVI
127	CXXVII		128	CXXVIII
129	CXXIX		130	CXXX

1000	900	800	700	600	500	400	300	200	100	90	50	40	10	5	1
M	CM	DCCC	DCC	DC	D	CD	CCC	CC	C	XC	L	XL	X	V	1

131	CXXXI		132	CXXXII
133	CXXXIII		134	CXXXIV
135	CXXXV		136	CXXXVI
137	CXXXVII		138	CXXXVIII
139	CXXXIX		140	CXL

141	CXLI		142	CXLII
143	CXLIII		144	CXLIV
145	CXLV		146	CXLVI
147	CXLVII		148	CXLVIII
149	CXLIX		150	CL

151	CLI		152	CLII
153	CLIII		154	CLIV
155	CLV		156	CLVI
157	CLVII		158	CLVIII
159	CLIX		160	CLX

1000	900	800	700	600	500	400	300	200	100	90	50	40	10	5	1
M	CM	DCCC	DCC	DC	D	CD	CCC	CC	C	XC	L	XL	X	V	1

161	CLXI		162	CLXII
163	CLXIII		164	CLXIV
165	CLXV		166	CLXVI
167	CLXVII		168	CLXVIII
169	CLXIX		170	CLXX

171	CLXXI		172	CLXXII
173	CLXXIII		174	CLXXIV
175	CLXXV		176	CLXXVI
177	CLXXVII		178	CLXXVIII
179	CLXXIX		180	CLXXX

181	CLXXXI		182	CLXXXII
183	CLXXXIII		184	CLXXXIV
185	CLXXXV		186	CLXXXVI
187	CLXXXVII		188	CLXXXVIII
189	CLXXXIX		190	CXC

191	CXCI		192	CXCII
193	CXCIII		194	CXCIV
195	CXCV		196	CXCVI
197	CXCVII		198	CXCVIII
199	CXCIX		200	CC

1000	900	800	700	600	500	400	300	200	100	90	50	40	10	5	1
M	CM	DCCC	DCC	DC	D	CD	CCC	CC	C	XC	L	XL	X	V	1

Table III [3]

Roman Numerals 201 – 300

[200 = CC : 'Add' CC to 1 - 99]

201	CCI		202	CCII
203	CCIII		204	CCIV
205	CCV		206	CCVI
207	CCVII		208	CCVIII
209	CCIX		210	CCX

211	CCXI		212	CCXII
213	CCXIII		214	CCXIV
215	CCXV		216	CCXVI
217	CCXVII		218	CCXVIII
219	CCXIX		220	CCXX

221	CCXXI		222	CCXXII
223	CCXXIII		224	CCXXIV
225	CCXXV		226	CCXXVI
227	CCXXVII		228	CCXXVIII
229	CCXXIX		230	CCXXX

1000	900	800	700	600	500	400	300	200	100	90	50	40	10	5	1
M	CM	DCCC	DCC	DC	D	CD	CCC	CC	C	XC	L	XL	X	V	1

231	CCXXXI		232	CCXXXII
233	CCXXXIII		234	CCXXXIV
235	CCXXXV		236	CCXXXVI
237	CCXXXVII		238	CCXXXVIII
239	CCXXXIX		240	CCXL

241	CCXLI		242	CCXLII
243	CCXLIII		244	CCXLIV
245	CCXLV		246	CCXLVI
247	CCXLVII		248	CCXLVIII
249	CCXLIX		250	CCL

251	CCLI		252	CCLII
253	CCLIII		254	CCLIV
255	CCLV		256	CCLVI
257	CCLVII		258	CCLVIII
259	CCLIX		260	CCLX

1000	900	800	700	600	500	400	300	200	100	90	50	40	10	5	1
M	CM	DCCC	DCC	DC	D	CD	CCC	CC	C	XC	L	XL	X	V	I

261	CCLXI		**262**	CCLXII
263	CCLXIII		**264**	CCLXIV
265	CCLXV		**266**	CCLXVI
267	CCLXVII		**268**	CCLXVIII
269	CCLXIX		**270**	CCLXX

271	CCLXXI		**272**	CCLXXII
273	CCLXXIII		**274**	CCLXXIV
275	CCLXXV		**276**	CCLXXVI
277	CCLXXVII		**278**	CCLXXVIII
279	CCLXXIX		**280**	CCLXXX

281	CCLXXXI		**282**	CCLXXXII
283	CCLXXXIII		**284**	CCLXXXIV
285	CCLXXXV		**286**	CCLXXXVI
287	CCLXXXVII		**288**	CCLXXXVIII
289	CCLXXXIX		**290**	CCXC

291	CCXCI		**292**	CCXCII
293	CCXCIII		**294**	CCXCIV
295	CCXCV		**296**	CCXCVI
297	CCXCVII		**298**	CCXCVIII
299	CCXCIX		**300**	CCC

1000	900	800	700	600	500	400	300	200	100	90	50	40	10	5	1
M	CM	DCCC	DCC	DC	D	CD	CCC	CC	C	XC	L	XL	X	V	1

Table IV [4]

Roman Numerals 301 – 400

[300 = CCC : 'Add' CCC to 1 - 99]

301	CCCI		302	CCCII
303	CCCIII		304	CCCIV
305	CCCV		306	CCCVI
307	CCCVII		308	CCCVIII
309	CCCIX		310	CCCX

311	CCCXI		312	CCCXII
313	CCCXIII		314	CCCXIV
315	CCCXV		316	CCCXVI
317	CCCXVII		318	CCCXVIII
319	CCCXIX		320	CCCXX

321	CCCXXI		322	CCCXXII
323	CCCXXIII		324	CCCXXIV
325	CCCXXV		326	CCCXXVI
327	CCCXXVII		328	CCCXXVIII
329	CCCXXIX		330	CCCXXX

1000	900	800	700	600	500	400	300	200	100	90	50	40	10	5	1
M	CM	DCCC	DCC	DC	D	CD	CCC	CC	C	XC	L	XL	X	V	I

331	CCCXXXI		332	CCCXXXII
333	CCCXXXIII		334	CCCXXXIV
335	CCCXXXV		336	CCCXXXVI
337	CCCXXXVII		338	CCCXXXVIII
339	CCCXXXIX		340	CCCXL

341	CCCXLI		342	CCCXLII
343	CCCXLIII		344	CCCXLIV
345	CCCXLV		346	CCCXLVI
347	CCCXLVII		348	CCCXLVIII
349	CCCXLIX		350	CCCL

351	CCCLI		352	CCCLII
353	CCCLIII		354	CCCLIV
355	CCCLV		356	CCCLVI
357	CCCLVII		358	CCCLVIII
359	CCCLIX		360	CCCLX

1000	900	800	700	600	500	400	300	200	100	90	50	40	10	5	1
M	CM	DCCC	DCC	DC	D	CD	CCC	CC	C	XC	L	XL	X	V	1

361	CCCLXI		**362**	CCCLXII
363	CCCLXIII		**364**	CCCLXIV
365	CCCLXV		**366**	CCCLXVI
367	CCCLXVII		**368**	CCCLXVIII
369	CCCLXIX		**370**	CCCLXX

371	CCCLXXI		**372**	CCCLXXII
373	CCCLXXIII		**374**	CCCLXXIV
375	CCCLXXV		**376**	CCCLXXVI
377	CCCLXXVII		**378**	CCCLXXVIII
379	CCCLXXIX		**380**	CCCLXXX

381	CCCLXXXI		**382**	CCCLXXXII
383	CCCLXXXIII		**384**	CCCLXXXIV
385	CCCLXXXV		**386**	CCCLXXXVI
387	CCCLXXXVII		**388**	CCCLXXXVIII
389	CCCLXXXIX		**390**	CCCXC

391	CCCXCI		**392**	CCCXCII
393	CCCXCIII		**394**	CCCXCIV
395	CCCXCV		**396**	CCCXCVI
397	CCCXCVII		**398**	CCCXCVIII
399	CCCXCIX		**400**	CD

1000	900	800	700	600	500	400	300	200	100	90	50	40	10	5	1
M	CM	DCCC	DCC	DC	D	CD	CCC	CC	C	XC	L	XL	X	V	1

Table V [5]

Roman Numerals 401 – 500

[400 = CD : 'Add' CD to 1 - 99]

401	CDI		402	CDII
403	CDIII		404	CDIV
405	CDV		406	CDVI
407	CDVII		408	CDVIII
409	CDIX		410	CDX

411	CDXI		412	CDXII
413	CDXIII		414	CDXIV
415	CDXV		416	CDXVI
417	CDXVII		418	CDXVIII
419	CDXIX		420	CDXX

421	CDXXI		422	CDXXII
423	CDXXIII		424	CDXXIV
425	CDXXV		426	CDXXVI
427	CDXXVII		428	CDXXVIII
429	CDXXIX		430	CDXXX

1000	900	800	700	600	500	400	300	200	100	90	50	40	10	5	1
M	CM	DCCC	DCC	DC	D	CD	CCC	CC	C	XC	L	XL	X	V	1

431	CDXXXI		**432**	CDXXXII
433	CDXXXIII		**434**	CDXXXIV
435	CDXXXV		**436**	CDXXXVI
437	CDXXXVII		**438**	CDXXXVIII
439	CDXXXIX		**440**	CDXL

441	CDXLI		**442**	CDXLII
443	CDXLIII		**444**	CDXLIV
445	CDXLV		**446**	CDXLVI
447	CDXLVII		**448**	CDXLVIII
449	CDXLIX		**450**	CDL

451	CDLI		**452**	CDLII
453	CDLIII		**454**	CDLIV
455	CDLV		**456**	CDLVI
457	CDLVII		**458**	CDLVIII
459	CDLIX		**460**	CDLX

1000	900	800	700	600	500	400	300	200	100	90	50	40	10	5	1
M	CM	DCCC	DCC	DC	D	CD	CCC	CC	C	XC	L	XL	X	V	1

461	CDLXI		462	CDLXII
463	CDLXIII		464	CDLXIV
465	CDLXV		466	CDLXVI
467	CDLXVII		468	CDLXVIII
469	CDLXIX		470	CDLXX

471	CDLXXI		472	CDLXXII
473	CDLXXIII		474	CDLXXIV
475	CDLXXV		476	CDLXXVI
477	CDLXXVII		478	CDLXXVIII
479	CDLXXIX		480	CDLXXX

481	CDLXXXI		482	CDLXXXII
483	CDLXXXIII		484	CDLXXXIV
485	CDLXXXV		486	CDLXXXVI
487	CDLXXXVII		488	CDLXXXVIII
489	CDLXXXIX		490	CDXC

491	CDXCI		492	CDXCII
493	CDXCIII		494	CDXCIV
495	CDXCV		496	CDXCVI
497	CDXCVII		498	CDXCVIII
499	CDXCIX		500	D

1000	900	800	700	600	500	400	300	200	100	90	50	40	10	5	1
M	CM	DCCC	DCC	DC	D	CD	CCC	CC	C	XC	L	XL	X	V	1

Table VI [6]

Roman Numerals 501 – 600

[500 = D : 'Add' D to 1 - 99]

501	DI		502	DII
503	DIII		504	DIV
505	DV		506	DVI
507	DVII		508	DVIII
509	DIX		510	DX

511	DXI		512	DXII
513	DXIII		514	DXIV
515	DXV		516	DXVI
517	DXVII		518	DXVIII
519	DXIX		520	DXX

521	DXXI		522	DXXII
523	DXXIII		524	DXXIV
525	DXXV		526	DXXVI
527	DXXVII		528	DXXVIII
529	DXXIX		530	DXXX

1000	900	800	700	600	500	400	300	200	100	90	50	40	10	5	1
M	CM	DCCC	DCC	DC	D	CD	CCC	CC	C	XC	L	XL	X	V	1

531	DXXXI		**532**	DXXXII
533	DXXXIII		**534**	DXXXIV
535	DXXXV		**536**	DXXXVI
537	DXXXVII		**538**	DXXXVIII
539	DXXXIX		**540**	DXL

541	DXLI		**542**	DXLII
543	DXLIII		**544**	DXLIV
545	DXLV		**546**	DXLVI
547	DXLVII		**548**	DXLVIII
549	DXLIX		**550**	DL

551	DLI		**552**	DLII
553	DLIII		**554**	DLIV
555	DLV		**556**	DLVI
557	DLVII		**558**	DLVIII
559	DLIX		**560**	DLX

1000	900	800	700	600	500	400	300	200	100	90	50	40	10	5	1
M	CM	DCCC	DCC	DC	D	CD	CCC	CC	C	XC	L	XL	X	V	1

561	DLXI		562	DLXII
563	DLXIII		564	DLXIV
565	DLXV		566	DLXVI
567	DLXVII		568	DLXVIII
569	DLXIX		570	DLXX

571	DLXXI		572	DLXXII
573	DLXXIII		574	DLXXIV
575	DLXXV		576	DLXXVI
577	DLXXVII		578	DLXXVIII
579	DLXXIX		580	DLXXX

581	DLXXXI		582	DLXXXII
583	DLXXXIII		584	DLXXXIV
585	DLXXXV		586	DLXXXVI
587	DLXXXVII		588	DLXXXVIII
589	DLXXXIX		590	DXC

591	DXCI		592	DXCII
593	DXCIII		594	DXCIV
595	DXCV		596	DXCVI
597	DXCVII		598	DXCVIII
599	DXCIX		600	DC

1000	900	800	700	600	500	400	300	200	100	90	50	40	10	5	1
M	CM	DCCC	DCC	DC	D	CD	CCC	CC	C	XC	L	XL	X	V	I

Table VII [7]

Roman Numerals 601 – 700

[600 = DC : 'Add' DC to 1 - 99]

601	DCI		602	DCII
603	DCIII		604	DCIV
605	DCV		606	DCVI
607	DCVII		608	DCVIII
609	DCIX		610	DCX

611	DCXI		612	DCXII
613	DCXIII		614	DCXIV
615	DCXV		616	DCXVI
617	DCXVII		618	DCXVIII
619	DCXIX		620	DCXX

621	DCXXI		622	DCXXII
623	DCXXIII		624	DCXXIV
625	DCXXV		626	DCXXVI
627	DCXXVII		628	DCXXVIII
629	DCXXIX		630	DCXXX

1000	900	800	700	600	500	400	300	200	100	90	50	40	10	5	1
M	CM	DCCC	DCC	DC	D	CD	CCC	CC	C	XC	L	XL	X	V	1

631	DCXXXI		**632**	DCXXXII
633	DCXXXIII		**634**	DCXXXIV
635	DCXXXV		**636**	DCXXXVI
637	DCXXXVII		**638**	DCXXXVIII
639	DCXXXIX		**640**	DCXL

641	DCXLI		**642**	DCXLII
643	DCXLIII		**644**	DCXLIV
645	DCXLV		**646**	DCXLVI
647	DCXLVII		**648**	DCXLVIII
649	DCXLIX		**650**	DCL

651	DCLI		**652**	DCLII
653	DCLIII		**654**	DCLIV
655	DCLV		**656**	DCLVI
657	DCLVII		**658**	DCLVIII
659	DCLIX		**660**	DCLX

1000	900	800	700	600	500	400	300	200	100	90	50	40	10	5	1
M	CM	DCCC	DCC	DC	D	CD	CCC	CC	C	XC	L	XL	X	V	I

661	DCLXI		662	DCLXII
663	DCLXIII		664	DCLXIV
665	DCLXV		666	DCLXVI
667	DCLXVII		668	DCLXVIII
669	DCLXIX		670	DCLXX

671	DCLXXI		672	DCLXXII
673	DCLXXIII		674	DCLXXIV
675	DCLXXV		676	DCLXXVI
677	DCLXXVII		678	DCLXXVIII
679	DCLXXIX		680	DCLXXX

681	DCLXXXI		682	DCLXXXII
683	DCLXXXIII		684	DCLXXXIV
685	DCLXXXV		686	DCLXXXVI
687	DCLXXXVII		688	DCLXXXVIII
689	DCLXXXIX		690	DCXC

691	DCXCI		692	DCXCII
693	DCXCIII		694	DCXCIV
695	DCXCV		696	DCXCVI
697	DCXCVII		698	DCXCVIII
699	DCXCIX		700	DCC

1000	900	800	700	600	500	400	300	200	100	90	50	40	10	5	1
M	CM	DCCC	DCC	DC	D	CD	CCC	CC	C	XC	L	XL	X	V	1

Table VIII [8]

Roman Numerals 701 – 800

[700 = DCC : 'Add' DCC to 1 - 99]

701	DCCI		702	DCCII
703	DCCIII		704	DCCIV
705	DCCV		706	DCCVI
707	DCCVII		708	DCCVIII
709	DCCIX		710	DCCX

711	DCCXI		712	DCCXII
713	DCCXIII		714	DCCXIV
715	DCCXV		716	DCCXVI
717	DCCXVII		718	DCCXVIII
719	DCCXIX		720	DCCXX

721	DCCXXI		722	DCCXXII
723	DCCXXIII		724	DCCXXIV
725	DCCXXV		726	DCCXXVI
727	DCCXXVII		728	DCCXXVIII
729	DCCXXIX		730	DCCXXX

1000	900	800	700	600	500	400	300	200	100	90	50	40	10	5	1
M	CM	DCCC	DCC	DC	D	CD	CCC	CC	C	XC	L	XL	X	V	I

731	DCCXXXI		732	DCCXXXII
733	DCCXXXIII		734	DCCXXXIV
735	DCCXXXV		736	DCCXXXVI
737	DCCXXXVII		738	DCCXXXVIII
739	DCCXXXIX		740	DCCXL

741	DCCXLI		742	DCCXLII
743	DCCXLIII		744	DCCXLIV
745	DCCXLV		746	DCCXLVI
747	DCCXLVII		748	DCCXLVIII
749	DCCXLIX		750	DCCL

751	DCCLI		752	DCCLII
753	DCCLIII		754	DCCLIV
755	DCCLV		756	DCCLVI
757	DCCLVII		758	DCCLVIII
759	DCCLIX		760	DCCLX

1000	900	800	700	600	500	400	300	200	100	90	50	40	10	5	1
M	CM	DCCC	DCC	DC	D	CD	CCC	CC	C	XC	L	XL	X	V	1

761	DCCLXI		762	DCCLXII
763	DCCLXIII		764	DCCLXIV
765	DCCLXV		766	DCCLXVI
767	DCCLXVII		768	DCCLXVIII
769	DCCLXIX		770	DCCLXX

771	DCCLXXI		772	DCCLXXII
773	DCCLXXIII		774	DCCLXXIV
775	DCCLXXV		776	DCCLXXVI
777	DCCLXXVII		778	DCCLXXVIII
779	DCCLXXIX		780	DCCLXXX

781	DCCLXXXI		782	DCCLXXXII
783	DCCLXXXIII		784	DCCLXXXIV
785	DCCLXXXV		786	DCCLXXXVI
787	DCCLXXXVII		788	DCCLXXXVIII
789	DCCLXXXIX		790	DCCXC

791	DCCXCI		792	DCCXCII
793	DCCXCIII		794	DCCXCIV
795	DCCXCV		796	DCCXCVI
797	DCCXCVII		798	DCCXCVIII
799	DCCXCIX		800	DCCC

1000	900	800	700	600	500	400	300	200	100	90	50	40	10	5	1
M	CM	DCCC	DCC	DC	D	CD	CCC	CC	C	XC	L	XL	X	V	I

Table IX [9]

Roman Numerals 801 – 900

[800 = DCCC : 'Add' DCCC to 1 - 99]

801	DCCCI		802	DCCCII
803	DCCCIII		804	DCCCIV
805	DCCCV		806	DCCCVI
807	DCCCVII		808	DCCCVIII
809	DCCCIX		810	DCCCX

811	DCCCXI		812	DCCCXII
813	DCCCXIII		814	DCCCXIV
815	DCCCXV		816	DCCCXVI
817	DCCCXVII		818	DCCCXVIII
819	DCCCXIX		820	DCCCXX

821	DCCCXXI		822	DCCCXXII
823	DCCCXXIII		824	DCCCXXIV
825	DCCCXXV		826	DCCCXXVI
827	DCCCXXVII		828	DCCCXXVIII
829	DCCCXXIX		830	DCCCXXX

1000	900	800	700	600	500	400	300	200	100	90	50	40	10	5	1
M	CM	DCCC	DCC	DC	D	CD	CCC	CC	C	XC	L	XL	X	V	I

831	DCCCXXXI		832	DCCCXXXII
833	DCCCXXXIII		834	DCCCXXXIV
835	DCCCXXXV		836	DCCCXXXVI
837	DCCCXXXVII		838	DCCCXXXVIII
839	DCCCXXXIX		840	DCCCXL

841	DCCCXLI		842	DCCCXLII
843	DCCCXLIII		844	DCCCXLIV
845	DCCCXLV		846	DCCCXLVI
847	DCCCXLVII		848	DCCCXLVIII
849	DCCCXLIX		850	DCCCL

851	DCCCLI		852	DCCCLII
853	DCCCLIII		854	DCCCLIV
855	DCCCLV		856	DCCCLVI
857	DCCCLVII		858	DCCCLVIII
859	DCCCLIX		860	DCCCLX

1000	900	800	700	600	500	400	300	200	100	90	50	40	10	5	1
M	CM	DCCC	DCC	DC	D	CD	CCC	CC	C	XC	L	XL	X	V	I

861	DCCCLXI		862	DCCCLXII
863	DCCCLXIII		864	DCCCLXIV
865	DCCCLXV		866	DCCCLXVI
867	DCCCLXVII		868	DCCCLXVIII
869	DCCCLXIX		870	DCCCLXX

871	DCCCLXXI		872	DCCCLXXII
873	DCCCLXXIII		874	DCCCLXXIV
875	DCCCLXXV		876	DCCCLXXVI
877	DCCCLXXVII		878	DCCCLXXVIII
879	DCCCLXXIX		880	DCCCLXXX

881	DCCCLXXXI		882	DCCCLXXXII
883	DCCCLXXXIII		884	DCCCLXXXIV
885	DCCCLXXXV		886	DCCCLXXXVI
887	DCCCLXXXVII		888	DCCCLXXXVIII
889	DCCCLXXXIX		890	DCCCXC

891	DCCCXCI		892	DCCCXCII
893	DCCCXCIII		894	DCCCXCIV
895	DCCCXCV		896	DCCCXCVI
897	DCCCXCVII		898	DCCCXCVIII
899	DCCCXCIX		900	CM

1000	900	800	700	600	500	400	300	200	100	90	50	40	10	5	1
M	CM	DCCC	DCC	DC	D	CD	CCC	CC	C	XC	L	XL	X	V	1

Table X [10]

Roman Numerals 901 – 1,000

[900 = CM : 'Add' CM to 1 - 99]

901	CMI		902	CMII
903	CMIII		904	CMIV
905	CMV		906	CMVI
907	CMVII		908	CMVIII
909	CMIX		910	CMX

911	CMXI		912	CMXII
913	CMXIII		914	CMXIV
915	CMXV		916	CMXVI
917	CMXVII		918	CMXVIII
919	CMXIX		920	CMXX

921	CMXXI		922	CMXXII
923	CMXXIII		924	CMXXIV
925	CMXXV		926	CMXXVI
927	CMXXVII		928	CMXXVIII
929	CMXXIX		930	CMXXX

1000	900	800	700	600	500	400	300	200	100	90	50	40	10	5	1
M	CM	DCCC	DCC	DC	D	CD	CCC	CC	C	XC	L	XL	X	V	1

931	CMXXXI		932	CMXXXII
933	CMXXXIII		934	CMXXXIV
935	CMXXXV		936	CMXXXVI
937	CMXXXVII		938	CMXXXVIII
939	CMXXXIX		940	CMXL

941	CMXLI		942	CMXLII
943	CMXLIII		944	CMXLIV
945	CMXLV		946	CMXLVI
947	CMXLVII		948	CMXLVIII
949	CMXLIX		950	CML

951	CMLI		952	CMLII
953	CMLIII		954	CMLIV
955	CMLV		956	CMLVI
957	CMLVII		958	CMLVIII
959	CMLIX		960	CMLX

1000	900	800	700	600	500	400	300	200	100	90	50	40	10	5	1
M	CM	DCCC	DCC	DC	D	CD	CCC	CC	C	XC	L	XL	X	V	I

961	CMLXI		962	CMLXII
963	CMLXIII		964	CMLXIV
965	CMLXV		966	CMLXVI
967	CMLXVII		968	CMLXVIII
969	CMLXIX		970	CMLXX

971	CMLXXI		972	CMLXXII
973	CMLXXIII		974	CMLXXIV
975	CMLXXV		976	CMLXXVI
977	CMLXXVII		978	CMLXXVIII
979	CMLXXIX		980	CMLXXX

981	CMLXXXI		982	CMLXXXII
983	CMLXXXIII		984	CMLXXXIV
985	CMLXXXV		986	CMLXXXVI
987	CMLXXXVII		988	CMLXXXVIII
989	CMLXXXIX		990	CMXC

991	CMXCI		992	CMXCII
993	CMXCIII		994	CMXCIV
995	CMXCV		996	CMXCVI
997	CMXCVII		998	CMXCVIII
999	CMXCIX		1000	M

1000	900	800	700	600	500	400	300	200	100	90	50	40	10	5	1
M	CM	DCCC	DCC	DC	D	CD	CCC	CC	C	XC	L	XL	X	V	1

Section 5 - Larger Numerals

The Romans did not have much use for really large numerals - they would have simply have continued to add "M"s.

For this reason, as Roman Numerals become larger, they become somewhat complex to read and understand: imagine having to read or write [say] 90,000 – it would be a lot of Ms!

By way of simplification, long after the Romans left Britain and Roman Numerals ceased to be in general use, a new methodology was introduced to increase their value - placing a straight bar [a macron] above a Roman Numeral increases its value by 1,000 - as shown below:-

V	5		$\bar{V}$	5,000
X	10		$\bar{X}$	10,000
L	50		$\bar{L}$	50,000
C	100		$\bar{C}$	100,000
D	500		$\bar{D}$	500,000
M	1,000		$\bar{M}$	1,000,000

1000	900	800	700	600	500	400	300	200	100	90	50	40	10	5	1
M	CM	DCCC	DCC	DC	D	CD	CCC	CC	C	XC	L	XL	X	V	1

The same method of combination continued to be used – just keep adding the numerals together - for example **96,888** is constructed as follows:-

$$\overline{XC}\ [90{,}000] + \overline{V}M\ [6{,}000] + DCCC\ [800] + LXXX\ [80] + VIII\ [8] = 96{,}888$$

or: $\overline{XC} + \overline{V}M + DCCC + LXXX + VIII$

or: $\overline{XCV}MDCCCLXXXVIII$

1000	900	800	700	600	500	400	300	200	100	90	50	40	10	5	1
M	CM	DCCC	DCC	DC	D	CD	CCC	CC	C	XC	L	XL	X	V	1

For ease of reference, a selection of larger numerals is as follows:-

$\bar{V}$	5,000	$\bar{X}$	10,000
$\bar{X}\bar{V}$	15,000	$\bar{X}\bar{X}$	20,000
$\bar{X}\bar{X}\bar{V}$	25,000	$\bar{X}\bar{X}\bar{X}$	30,000
$\bar{X}\bar{X}\bar{X}\bar{V}$	35,000	$\bar{X}\bar{L}$	40,000
$\bar{X}\bar{L}\bar{V}$	45,000	$\bar{L}$	50,000
$\bar{L}\bar{V}$	55,000	$\bar{L}\bar{X}$	60,000
$\bar{L}\bar{X}\bar{V}$	65,000	$\bar{L}\bar{X}\bar{X}$	70,000
$\bar{L}\bar{X}\bar{X}\bar{V}$	75,000	$\bar{L}\bar{X}\bar{X}\bar{X}$	80,000
$\bar{L}\bar{X}\bar{X}\bar{X}\bar{V}$	85,000	$\bar{X}\bar{C}$	90,000
$\bar{X}\bar{C}\bar{V}$	95,000	$\bar{C}$	100,000
$\bar{D}$	500,000	$\bar{M}$	1,000,000

1000	900	800	700	600	500	400	300	200	100	90	50	40	10	5	1
M	CM	DCCC	DCC	DC	D	CD	CCC	CC	C	XC	L	XL	X	V	1

By the same author on Amazon:

Cracking Basics - KS2 Spellings Wordsearch Ages 7+

Cracking Basics – Addition Ages 4+

Cracking Basics – Subtraction Ages 5+

Cracking Basics – Multiplication Ages 6+

Cracking Basics – Division Ages 7+

Cracking Sudoku 3 Ways – Alpha, Numeric, Roman Numerals

Cracking Wordoku

1000	900	800	700	600	500	400	300	200	100	90	50	40	10	5	1
M	CM	DCCC	DCC	DC	D	CD	CCC	CC	C	XC	L	XL	X	V	I

Printed in Great Britain
by Amazon